定版

軍中野学校実録

陸軍中野学校一期生
日下部一郎

KKベストブック

本書は、弊社より昭和五十五年八月に発刊された
『決定版　陸軍中野学校実録』を改訂した新版です。

まえがき

太平洋戦争の回顧は、多くの人びとにより、さまざまな形によって語られているが、それらの中で、今日までほとんど明らかにされていない盲点のような部分がある。

それは、武力戦の蔭にかくれて、ひそかに、しかし、時には武力戦以上に熾烈に、また悲惨に戦われてきた謀略の戦いである。総力戦と呼ばれる近代戦争にあって、謀略戦の果す役割は想像以上に大きい。だが、その全貌は容易につかみ得るものではない。謀略の戦いは武力戦に先立って戦われ、武力戦とともに、そして、武力戦が終った後もなお戦われつづける。

現在なお、世界を舞台にした謀略戦の火花は散っている。もちろん、日本だけがその例外でいられるわけはない。その意味からも、三十五年前をふりかえって、太平洋戦争における謀略戦が、どのようなものであったかを明らかにするのは、意義のあることであろう。

この書の内容は、陸軍中野学校出身の一期生が、日中事変から太平洋戦争の全期間を通じて、どのように生きぬいてきたか、という一つの人間記録が主となっている。

陸軍中野学校は、周知のように、日本陸軍が世界に誇った謀略、諜報要員の科学的養成機関である。しかし、実際には、この中野学校の名前ぐらい誤解と風説に包まれたものはない。まるで、忍術使いの養成機関のように思う者や、中野学校出身者といえば、スーパーマン的存在のように錯覚している者も少なくない。たしかに、三千名の中野学校出身者たちが太平洋戦争中になしとげた業績は、小説や物語のおよびもつかぬ波瀾万丈のスリルにみちたものではあった。しかし、その活躍の多くが正確に語り伝えられていないため、今日、中野学校に関して、伝説的な風聞を生むことになった。

中野学校は、太平洋戦争における謀略戦の主役であった。この書の内容は、一人の人間のヒューマン・ドキュメントを主としたものであるが、しかし、それはおのずから中野学校の真髄に、さまざまな角度から触れられているにちがいないと、私は信ずる。

太平洋戦争は数えきれぬ不幸をもたらしたが、東南アジア諸国の独立新生は、他に誇っていい太平洋戦争の遺産といえよう。そして、これは主に、中野学校出身者たちの熱情と努力のたまものであった。彼らは長い間、西欧諸国の桎梏下にあえいだ東南アジアの植民地を解放すべく、どんなに力をつくして戦かったことか。太平洋戦争が終結したあとも、なお異土に踏みとどまり民族解放戦争の指導に身命をささげた。真の中野学校とはこうした魂の学校なのである。

あるいは、戦後平和な民間社会に身を投じた中野学校出身者たちの生き方も、中野学校の一つの姿を示している。かつて、孫子が担ぎ出されたり、徳川家康が流行したりした「経営戦争」の中にあっても、中野学校教育の真価はかがやかしく発揮されている。陸軍中野学校――謎と伝説に包まれたこの特殊な存在の正しい実体を、そして真相をこの書を通して知っていただきたい。

本書は、以前『謀略・太平洋戦争』（弘文堂刊）として出版したものを、このたび、新たな機会を得、その後の新事実と若干の訂正に陸軍中野学校に関する年表を加え、『決定版・陸軍中野学校実録』としたものである。

なお、本書の公刊に良き理解をもって積極的な声援を与えて下さった千葉弘志氏、弁護士秋山英雄氏の御協力に心から感謝をささげたい。

昭和五十五年八月十五日

著　者

この書を、報われることなく戦いに死し、また
いまだ帰らざる中野学校戦友たちに捧げる

日下部　一郎

目次

第一章 「三三の歌」と共に

1 血盟十八士

昭和十三年八月――。真新しい軍装に、将校行李一つをたずさえた若い将校が、鹿児島本線久留米駅から、東京に向かう列車の客となった。

見送る人びとは、久留米輜重第十八連隊の連隊長や中隊長をはじめ、十数名の青年将校たちである。

「しっかりやってくるんだぞ」

「はッ」

見送られる若い将校は、車窓から顔を出して幾度もうなずき、見送りの群れから口ぐちに叫ばれる激励にこたえていた。

だが、もしこの光景を仔細に観察する人があったなら、一種異様な雰囲気が、この一団をとりまいていることに気がついただろう。

連隊長をはじめ、見送る側の人びとの目には、不審と好奇とが入りまじった複雑な影がはっきりとあらわれていた。また、見送られる若い将校の目にも、同じような複雑な色がただよっていた。

その将校の名は久村一郎。東京世田谷の陸軍自動車学校（予備士官学校）をこの春卒業したばかりの新任少尉であった。久村少尉は、久留米の原隊に復帰早々、満州に出征することが決定し、新たに編成された中隊の第一小隊長として、編成業務と訓練に没頭していた。そこへ突然、降って湧いたようにもたらされたのが陸軍省への転属命令であった。

幹部候補生出身の新任少尉が陸軍省に転属されることは、これまでに例のないことである。また、満州出征という重要な新任務の途中での転属命令も腑におちない。しかし、命令書には、理由などは一行も説明されていない。連隊長以下が久村少尉の転属に、好奇と不審の目を向けたのは当然のことであった。

久村自身もまた同様である。

しかも、不可解なことは、転属を命令してきた陸軍省の通達に「赴任にあたって、持参すべきものは、柔道着、または剣道々具および背広一着……」とあったことだ。

星章もかがやかしい新調の将校服に誇りを感じている新任少尉に対して、背広を持参させる理由は一体何なのか。久村はキツネにつままれるような思いであった。

だが、久村には、一つ思い当たることがあった。それは陸軍自動車学校を卒業する直前

校長の土橋一次中将から
「全国各兵科の予備士官学校から一名ずつ推薦するようにと陸軍省から通達をうけた。その目的についてはいうことはできぬが、本校からは貴官を推薦することに決定した。各兵科からいずれも最優秀の者が推薦されてくることだろうから、そのつもりでしっかりやってくるよう」と直接命令をうけて、九段の偕行社に出頭した時のことだ。

九段坂下、お濠《ほり》を背後に五階建の威容を示している茶褐色の建物が軍人会館であり、電車通りを距てたその向い側、靖国神社の並びにあるのが、偕行社の建物であった。

久村が案内された二階の一室には、すでに三十数名の見習士官（幹部候補生）たちが集合していた。各兵科から推薦されてきた者だけに、いずれもきりりとした態度、動作の若者ばかりであったが、その眼にはみな期待と好奇の影が宿っていた。

やがて、久村は名を呼ばれて、控え室につづく別の一室にはいった。十名ばかりの少佐、中佐、大佐ら上級将校が、ある者は中央テーブルに面して座り、ある者は腕を背後に組んで立ち、ちょうど、久村をとり囲むように位置していた。全員の胸に参謀肩章が光っている。

一瞬、ど胆を抜かれたような表情を見せた久村に対して、参謀たちから矢つぎ早の質問が浴びせられた。

「共産党について学んだことはあるか」

「日本の国体をどう考えるか。ソ連と比較してどうだ？　またアメリカとは？」

「女は好きか？　遠慮なく答えろ」

「生とか死について考えたことがあるか。いますぐここで腹が切れるか」

「大学を出て何になるつもりだったか」

「映画は好きか。洋画と日本映画とどっちがいいか」

「特技は何か。武道の段位は？」

出頭を命じられた理由について説明もされず、ただこのような質問をうけたあげく、最後に正面に座った大佐から
「別命があったら、また会おう」

と、意味あり気な言葉をかけられて、退室した。

東京で、またあの大佐に顔をあわすことになるのだろうか。そしてまた、あの日、いっしょだった三十数名の青年たちとも再会することになるのだろうか。

久村は、東京に向かって一路走りつづける車中で、瞑目しながら、前途への期待と決意で、しだいに胸が熱くなってくるのを感じるのだった。

陸軍省への転属命令をうけたのは、もちろん久村一人ではなかった。同じ頃、三十数名

の受験者の中から選ばれた十八名の新任少尉たちが、久村と同じように、背広をひそめた将校行李をたずさえて、各地から東京へ向かう車中の人となっていたのである。

各地から集まった十八名の青年将校たちは、集合第一日目、一人の中佐に引率されて、陸軍省内部の各課や参謀本部の各課をまわった。軍の中枢ともいうべきこれらの各部課長たちは、十八名に対して
「軍が貴官等に期待していることは絶大である。あらゆる訓練に耐えて、精励してほしい」と、最大級の言葉で激励を与えた。

久村をはじめ、十八名の青年たちは、胸中ますます疑問を深めるばかりであった。予備士官学校を出たばかりの、西も東もわからぬ新米少尉でしかない自分たちに、軍はいったい、何を期待しようというのか。「あらゆる訓練」とは、なにを意味するのだろうか。疑問はつぎつぎに湧いた。しかし、すくなくとも、自分たちに課せられた使命が、途方もなく重大なものであることだけは、彼らにも推察できた。

「何かはわからぬ。しかし、軍が、これだけの信頼と期待をおれたちの上にかけているというなら、おれたちも、それに応えなくてはなるまい」

一同の胸中には、共通した固い決意が生まれた。

集合二日目、十八名の青年将校たちは、九段下、軍人会館の裏手に当たる二階建木造の

バラックに案内された。門を入る時、チラと眺めた標札には「愛国婦人会」と書かれてあった。久村たちがみちびかれたのは、三階建本建築の婦人会本部本屋のほうではなく、地方議員の参集会議室に使用されている別棟であることは後にわかった。建物はお粗末だったが、窓からはお濠の美しい水の色が眺められた。牛ケ淵と名づけられたお濠をへだてて見える、近衛歩兵連隊の土手の芝の緑もあざやかだった。窓のすぐ下は隣の九段精華女学校の運動場になっており、若アユのような肢体の少女たちが、ボール遊びに興じている光景がみられた。

「ここが、本日からのおまえたちの宿舎であり、教育の場である」

昨日、久村たちを陸軍省などへ案内した中佐はこういい、さらに、一人の上級将校を一同に紹介した。

秋草俊中佐であった。

対ソ諜報の権威として陸軍部内に名前を知られていた秋草中佐は、昭和十二年の春、陸軍がはじめてつくった科学的防諜機関の長として、秘密戦の第一人者と謳われている人であった。さきの中佐も、自分の名前を福本亀治と名のった。彼もまた秋草中佐の下にあって、諜略、諜報活動のベテランであった。

秋草中佐が所長、福本中佐が主任、もう一人、伊藤佐又少佐が訓育係として、この三人で、今後十八名の指導、訓育が行なわれることが言明された。

「当所は、後方勤務要員養成所と呼ばれる。また諸君は陸軍省兵務局付の陸軍少尉である。しかし、このような名前が採用されたのは、あくまで防諜上の要求にもとづくものであり、実際に当所がになっている使命、および諸君に与えられる義務は、総力戦遂行上、必要欠くべからざるものとして、国家が要請した極めて重大なものである」

秋草中佐は、鋭い眼をきびしく一同の上に注ぎながら、はじめて、久村たちの歩むべき将来について真相を説明した。

後方勤務要員養成所の実態は、臨時軍事費支弁で創設された、陸軍省兵務局長に隷属する臨時機関であり、それは陸軍がはじめて作った本格的な謀略諜報要員養成機関であることが、はじめて打ち明けられたのである。

一同は声を呑み、粛然と姿勢を正した。いまさらのように、自分たちに与えられた使命の重大さに、思わず緊張感が全身をつらぬいたのである。

秋草中佐の、低いが力のこもった声はなおつづいた。

「戦争の形態が、野戦から総力戦態勢に移行するとともに、軍事情報もまた、政治、経済、宗教、思想、文化、科学など全分野にわたって、不可分の関連性を持つようになった。……しかし、幼年学校や士官学校出身の将校たちは、教育勅語と典範令以外は目を通す必要もないとして教育をさずけられてきた。いわんや実社会の状態については、彼らの知識はまことにうとい。軍事情報にたずさわる要員としては、むしろ、優秀な幹部候補生出身者を訓練するほうが、適切であると、軍首脳では考えるに至った。……このような考えの下に、テストケースとして開設されたのが本養成所なのである。したがって、諸君に課せられた任務はきわめて重く、かつまた秘密を要することはいうまでもない」

久村は、はじめて知らされた新任務の実態に、身体中に自然に力がみなぎってくるのを感じた。整然とならんで、秋草中佐の言葉を一語も聞きのがすまいと、耳をそばだてていた他の少尉たちも、久村とまったく同じ思いであっただろう。

彼ら――十八名の青年たちはこのようにして、のちに中野学校第一期生と呼ばれ、中野学校のパイオニアたるべき運命の中に投じられたのである。

中野学校は、昭和十三年から終戦まで、七年有余の年月にわたって、秘密戦士育成機関としての重大な使命を果した。卒業生はおおむね三千名を数え、太平洋戦争中彼らが果した功績は数えきれない。

終戦後も、軍関係者の中には、中野学校の創設がもう十年早ければ、太平洋戦争の帰趨《きすう》ひいては世界の大勢はどう変わっていたかわからないと唱える者もあったほどである。このような意義を持つ中野学校が創設されるに至った経緯は、どのようなものであったか。

太平洋戦争中、「総力戦」という言葉がよく使われた。近代戦は、単に武力戦だけでなく、政治、経済、文化、あらゆる面での総力をあげての戦いだという意味である。

事実、その通りであった。

一機よく巨艦を葬ることの出来た特攻機の奮戦が、けっきょくものをいわなかったのは、その特攻機を飛ばすガソリンが我には乏しく、彼には、いくら撃沈されても次から次に新しく空母、戦艦を造ってゆく底知れぬ経済力があったからである。この一事をもってしても、太平洋戦争が単なる武力の戦いでなかったことがわかる。

今日、太平洋戦争を回顧する書物は、数えきれぬほど多く世に出ている。それらの大部分はやはり武力戦としての太平洋戦争を描いたものだが、経済戦としての、また政治戦としての太平洋戦争を解剖したものもすくなくない。

だが、これらの中で、比較的等閑に付されているのが、謀略戦としての太平洋戦争である。あらゆる戦争に謀略は不可欠なものであるが、特に太平洋戦争において、謀略の果した役割は大きかった。そして、残念なことに、その謀略戦においても、日本はアメリカに無残に敗れ去っていたのである。

真珠湾の大勝利――いまは遠い幻となった十二月八日未明のあのはなばなしい戦果も、今日となっては、国際信義にもとる、卑劣な不意打ちだったという反省的解釈をされている。しかし、真珠湾の奇襲は、事実上は不意打ちでも何でもなかった。国交断絶を通告する最後通牒の暗電は、十二月六日に東京の外務省からワシントンの日本大使館に送られたが、この暗電は、日本側で解読するよりも早く、アメリカ陸軍省作戦局軍事諜報部によって解読され、ルーズベルト大統領の手許まで報告されていたのである。

ル大統領が日本の戦争決意を知りながら、あえて、日本軍の先制攻撃を許したのは、それによって、日本に「だまし打ち」の汚名を着せ、国民の志気高揚をはかるためだったといわれている。「リメンバー・パール・ハーバー」の合言葉によって、米国民が困難な戦争に堪えぬいたのも、緒戦の「だまし打ち」に対する怒りが結集したからである。とすれば、真珠湾攻撃は、武力戦でこそ日本は勝ったけれども、謀略戦という面からみれば、緒戦において、早くもアメリカにしてやられたというべきなのである。

また、連合艦隊司令長官山本五十六の戦死も、偶然に起こったものではなく、米海軍の暗号傍受の結果であった。山本元師につづいて古賀峯一連合艦隊司令長官も、やはり暗号傍受によって米機の襲撃をうけた。

スパイ技術の点でも、アメリカは日本を圧倒する力を持っていたのである。

また、対ソ関係でも次のような事件があった。ソ連で、日本軍の暗号を盗まれたらしい形跡があったので、暗号書を全面改訂することになり、参謀本部の諜報担当将校が、新しい暗号書をもって、出かけたところ、シベリア鉄道の車中において、見知らぬソ連人に睡眠薬入りの酒を飲まされ、人事不省におちいったところを、暗号書を盗写されてしまったのである。

このような例はなおいくつか数えあげられるが、それでは日本側の謀略諜報活動はどうであったかというと、それは必ずしも米英側に劣るものでもなかった。

武力戦に先行し、あるいは並行する謀略戦——秘密戦と呼んでもいいだろう——において、日本は史上に記録すべき多くの功績を残した。

日本の秘密戦士たちは、日本政府がポツダム宣言受諾を発表し、太平洋戦争が終結した後になっても、まだその戦いをやめなかった。東南アジアにおいて、長く米、英、蘭の桎梏に悩んでいた植民地諸国の民族独立運動を助け、これを成功させた諸工作は、太平洋戦争における謀略工作の中でも、特に大書さるべきものといえよう。

謀略と一口にいうが、その意味する範囲はすこぶる広い。暗号解読、対敵宣伝、ゲリラ指導、経済攪乱、敵情探査などさまざまな種類をふくんでいる。

この書において、三年半にわたった太平洋戦争における、あらゆる謀略について詳述することは、もちろん不可能なことである。

この小著でこころみようとするのは、今日では伝説的存在にさえなっている、陸軍中野学校という諜報・謀略要員養成機関にはぐくまれた特殊将校たちが、太平洋戦争の間、どのような形で謀略戦に挺身してきたかを描いて、中野学校の正しい姿を伝えるとともに、謀略戦としての太平洋戦争の真髄に触れることである。

中野学校出身者たちがどんな活躍をしたかを知る上には、陸軍の謀略機構がどのようなものであったか、そしてまた、その中で、中野学校の存在がどんな位置を占めていたかを知る必要があろう。

謀略、諜報が組織的な形で戦争に参加するようになったのは、第一次大戦以後のことだが、日本でも、内閣に国勢院が設立され、防諜業務を行なうようになったのは、第一次大戦直後のことであった。

国際情勢を眺めても、ソ連では革命成功後まもなくゲ・ペ・ウをつくり、ドイツやアメリカでも時期をほとんど同じくしてゲシュタポやＦＢＩをつくるなど、各国とも秘密警察組織の整備を急いでいた。これはもちろん軍の謀略機構とつながるものである。

日本でも昭和年代になってから、謀略戦対策が真剣に考えられるようになり、その機構も逐年整備されていった。

戸山ケ原にあった陸軍科学研究所の中に、篠田鐐大佐（工学博士）の主宰する謀略戦資材の研究室が設けられたのは、昭和二年四月である。この研究室は、昭和十四年に、小田急沿線登戸の十一万坪の敷地に移転し、陸軍第十一技術研究所として独立することになった。いわゆる登戸研究所である。

太平洋戦争における謀略戦資材の研究、製造はこの研究所で一手に引きうけていた。山本憲蔵主計大佐を長とした偽造紙幣作りは、中国の経済工作に大変役立った。高野泰秋少佐が発明した高性能無線通信機は、硫黄島や沖縄本島の戦闘に当たって、最後の瞬間まで内地との連絡を保つことに成功した。その他、風船爆弾や殺人光線も、ここで完成したものである。

謀略器材としては、偽装爆薬、偽装拳銃、遅効性毒薬など、数えきれぬくらい多くの品種を製造した。すべて外国のそれとほとんど劣るところのない出来栄えであった。

こうして、登戸研究所が整備されていく一方、軍の謀略機構そのもののほうもしだいに形をととのえていった。

秋草中佐を長とする科学的防諜機関がつくられたのも昭和十二年春のことである。この機関は、牛込若松町にあった陸軍軍医学校と、騎兵第一連隊との境界付近に新築された二百坪余りの木造二階家を庁舎としたものだった。

秋草中佐もそうであったが、当時、陸軍で秘密戦を担当していたのは参謀本部第二部に所属する軍人たちであった。当時の参謀本部第二部の構成は、部長が「フィリピン死の行進」で著名な本間雅晴中将で、第四班（宣伝、謀略、暗号解読其他特殊情報）第五課（対ソ対独仏伊）第六課（対英米）第七課（対支および兵要地誌）の三課一班がその下にあってそれぞれ情報収集を担当していた。だが、秘密戦の花形である謀略、宣伝をつかさどっていたのは課ではなく班であり、きわめて冷遇された立場にあった。これが、やっと第四班が課に昇格したのは昭和十三年春。第八課と名づけられ、影佐禎昭大佐が初代課長になった。影佐大佐は後に、影佐機関の名でも知られたように、中国通として令名の高かった人物である。

影佐大佐は、その令名にふさわしい大謀略を成し遂げた。南京にカイライ政権をつくるためのいわゆる汪精衛工作である。汪精衛は当時、重慶政府で蒋介石に次ぐ実力者だったが、彼が何かといえば蒋介石に一歩先んじられ、頭を抑えられることに不満を抱いているのを見抜いた大佐は、彼を説いて、重慶にそむかせることに成功した。中国にあった日本の謀略要員の必死の努力によって、汪精衛が重慶から決死的脱出を敢行した時の有様は、長く語り草になったくらいのものであった。

第八課はその後、唐川安夫大佐、臼井茂樹大佐、武田功大佐などを長として迎え、その間、呉佩孚《ごはいふ》工作、李宗仁工作などいくつかの謀略工作をこころみた。

十五年春、総力戦研究所と経済戦研究所が設立された。これも広い意味からは謀略戦の一機構としてあげるべきだろう。

経済戦研究所は、秋丸主計大佐を主任とし、蠟山政道、木下半治、有沢広己、中山伊知郎らの学者たちをメンバーにして、米、英、ソ諸国や南方各地の経済力、政治情勢の調査を主に行なったもので、麴町二丁目の川崎第百銀行支店の二階に事務所があった。

総力戦研究所のほうは飯村穣中将が長となり、思想戦、攻略戦などの研究を行なった。

このようにして、日本陸軍の謀略戦即応態勢は徐々に確立されていったが、なお、先進国との間には大きいへだたりがあった。このへだたりを埋めようという軍当局の熱意が、中野学校を誕生させたのである。

秘密戦の中核ともいうべき軍事情報の収集は、各国ともに主として在外武官がこれに当たっていた。各国駐在武官はそのために、広範な良識と特殊な秘密戦技能を持つことを要求された。

しかし、欧米各国の駐在武官にくらべて、日本の場合は、駐在武官を秘密戦要員とするに当たって、一つの大きい隘路があった。欧米の場合は、情報謀略要員が長年の間、一定の地に留まって情報活動を行なうのが通例で、その間、彼は身分を秘匿することもあったし、また、階級も年功や功績によって少尉から将官にまでもどんどん昇ることが出来た。

ところが、日本の在外武官は、ものの三年もすれば栄転して、別のポストにうつってしまうのが通例で、これでは徹底した情報活動が出来ないことはいうまでもない。

陸士、陸大を出た者は一定の年数をつとめれば、階級は上げていかなければならず、階級が上れば、それにしたがってポストを変えなければならぬという官僚的な機構が、大きい隘路になったわけである。

一地に定着して、徹底した情報活動を行なうには「替らざる武官」が必要だった。幹部候補生出身者ならば、これまでの慣習に拘束される必要もないから、一地に長年定着させてもかまわないだろう――こういう考えも、幹部候補生出身者によって、中野学校をつくろうと企画された理由の一つである。

位階の昇進にこだわらず、ひたすら国事のためにつくし、縁の下の力持ちとなって悔いることのない人びと――久村たち十八名の青年たちはこのような存在になることを期待されて、全国から呼び集められたのであった。

2　学生生活

今日、中野学校の骨格は、一期生十八名のパイオニアたちによって完成されたものだということが、定説となっている。

久村たち十八名の若者は、どのような訓練を受けて、秘密戦士たるべく錬成されたのであろうか。

近代総力戦の要望に応えて創設された秘密戦士養成機関といえば、その規模、設備、教育内容なども、きわめて近代的、科学的、合理的に整備されたものだったろうと、誰しも想像する。

ところが、これが大違いだった。一言でいえば、一期生たちが受けた教育はまったくの寺子屋教育だったのである。

第一に、校舎からして借り物であった。粗末な塗料が歳月のため剝げおち、それが煤煙で汚れて、灰墨色になった木造の二階建はあまりにもお粗末だった。それも、表門のほうは愛国婦人会の会員たちが出入りするので、学生たちは、人間二人がやっとすれちがえる程度の、せまい通用門を使用させられた。

くたびれた背広を着、人目を避けるようにして、婦人会の裏門を出たり入ったりする若い男たちを、誰が秘密戦士の卵と思っただろうか。

薄汚れた二階建の建物は、学生たちの教室であったばかりでなく、宿舎でもあった。彼らは、そこで、寝食、訓練、講義、すべての生活を送らねばならなかったのである。

開校後半年ほど経って、当時陸軍次官であった東条英機がここを視察した時、

「これはひどい。いやしくも陸軍の将校を遇する施設ではない」

とおどろき、かつ同情して、早速、学生の宿舎だけでもよい環境に移すよう指示を与えた。それぐらいひどい環境だったのだ。

陸軍が情報勤務要員の養成について、その必要性を痛感していたことは、事実であったが、それでも参謀本部の一部、なかんずく、支那課、欧米課では強硬な反対意見が出ていた。養成所開設に協力したのは露西亜課方面であり、特に積極的な努力をしたのは後に第八課長となった臼井茂樹大佐（当時中佐）であった。

宿舎や教育施設の用意がスムーズにいかなかった理由の一つに、この、上層部における意見の不統一があげられる。一方では、非常に大きい期待をかけられながら、他方でははま

た継っ子扱いをされるというちぐはぐさが、学生たちにしわよせされて、恵まれない生活環境を生み出したものといえよう。

学校開設のための準備も完全ではなかった。むしろ、零からの出発にというに近かった。教材も資料も全く準備されていなかった。

しかし、不整備の環境の下ではじめられた中野学校の寺子屋教育が、マイナスの結果を生んだかというと、そうではない。秋草中佐をはじめ、関係者たちの熱意は、物的な面でのマイナスを補い、見事な成果を生んだ。

中野学校出身者たちは、口をそろえて「もし、一期生たちが、はじめから完備された教育施設、画一的な教育態勢のもとに、マス・プロ的教育をさずけられたなら、あの輝かしい中野学校の伝統は築かれなかっただろう」といい、寺子屋教育が、かえって中野学校の特徴をつくるものであったことを主張している。

寺子屋教育は、理論やテクニックによる教育ではなく、師弟が魂をぶっつけあうことによって、心身を錬磨してゆく人間教育だ。その意味から、中野学校創成の功績は、そのほとんどを三人の教官の手に帰せしめなければならないだろう。

一人はもちろん、初代所長の秋草俊中佐である。

対ソ諜報のベテランとして陸軍部内に名高かったこの中佐は、一見、茫洋とした東洋豪傑タイプの人であった。体重は二十五、六貫もあるだろうか、色白で、デップリと肥満した巨躰は、めったなことではあわただしい動きをみせなかった。

煙草好きの彼は、いつもエアシップかチェリーを手から離したことなく、灰が服に降りかかっても平然としていた。性格もまた、外貌と同じく親分肌のところがあり、部下や学生の世話をよく焼いた。深夜、学生たちの寝室を襲って、寝そびれている学生と時局を論じ、人生を語って倦まないというところがあった。

秋草所長が単なる豪傑肌の人間ではない、ということを学生たちが知ったのは、しばらく経ってからのことである。

学生たちを連れて伊豆の海岸に演習に出かけた時、海岸で小休止していた学生たちは、ふと秋草中佐の姿が見えなくなっているのに気がついた。

そのころ秋草中佐は、沖合を走る船の甲板で、対ソ情報について工作員と密談を交わしていた。彼は、学生を引率して演習に来たとみせかけて、実は、重大な密談の機会を作ったのである。

「どんな密室でも盗聴されるおそれはある。密談は船の上に限る」

と秋草中佐は、学生たちに講義することも忘れなかった。

ヒマがあると、秋草中佐がデパートに出かけることを学生たちが知ったのもしばらく経ってからのことだ。買物をするわけではない。商品の人気、売れ行き、値段、客の種類、数などを丹念に調べるためだ。

「世相の動きを常に把握するためには、これが最上の方法だ」

と、秋草中佐は学生たちに教えた。

第二に、主任の福本亀治中佐である。

国体学の権威であるこの中佐は、長身白皙《はくせき》、見るからに学者タイプの人物で、軍人臭などはどこからも嗅ぎとれなかった。

口数がきわめて少なく、聖人君子然としていたが、それでいながら、学生たちから非常に親しまれたのは不思議なことであった。抜弁天にあった彼の自宅には、絶えず学生たちが押しかけて、賑やかな雰囲気をつくり出していた。中には、小遣いの無心をする者もいた。もっともらしい借用証を入れても、実際に金を返す学生はいなかった。しかし、福本中佐は君子のごとく、端然としていた。

第三にあげられるのは伊藤佐又少佐である。学生にもっとも強い感化力を持ったという意味からは、この人を第一にあげるべきかもしれない。

全身、これ火の玉の熱血漢であった。山口県出身で、吉田松陰を崇拝し、自らも松陰に習おうとしていた。信念の人ともいえよう。

「雨が降っても、おれが濡れないゾと決心したら、雨はおれを除けて地面におちる」

本気か、冗談か、よくそんなことを言った。上官と意見が衝突しても絶対に折れず、感情が激してくると、やにわに腰のピストルを抜き放つ。相手が顔色を変えるのを見すましてから、ゆうゆうとピストルを左手に持ちかえて手入れをはじめる。そんなゼスチャーも結構うまい人ではあったが、その激しい情熱には、一期生たちはいっぺんに惹きつけられてしまった。その思想を一言にしていえば皇道主義であった。彼は、当時、しだいに力を増して特権的存在となりつつあった軍部に対する批判も容赦なく行なった。

「天皇はすなわち国家であり、国民はひとしく天皇に直結するものである。天皇と一億国民の繁栄をこそ、われわれは祈らなくてはならない。国権をないがしろにしている、軍首脳や特権階級の腐敗分子にたいする批判なくして、国体を維持することは出来ない。この精神に立って、昭和維新は叫ばれねばならない」

このような「伊藤イズム」に久村ら十八名の生徒は心酔した。

伊藤少佐はまた、日本は英・米の影響下から脱しなくてはならぬという強い主張を持っていた。

たまたま、当時はドイツ、イタリアの枢軸国と三国同盟の盟約を結ぼうとする陸軍側と、英米と親交を結ぼうとする海軍側とがはげしく対立している時期であり、三国同盟をめぐって、陸、海軍の相剋が表面化していた。それは、中野学校にも余波をおよぼさずにすむはずはなかった。

陸軍省や参謀本部、陸軍大学から派遣されて中野学校に講義に来る教官たちも、講義のかたわら、口をきわめて海軍首脳の態度を非難した。


しかし、それは奇妙な学生生活だった。「軍隊生活」と呼ぶにはあまりにも変則的な集団生活であった。久村たち十八名の、秘密戦士の卵どもは、正直にいって、大きい困惑に身をゆすぶられながら、第二の人生のスタートを切った。

第二の人生という比喩は、彼らの場合に、まことに適切であった。彼らは、入所と同時に、親から授かり、二十数年親しんできた本名を捨てさせられ、まるで馴染みのない防諜名（つまり偽名）で、呼ばれることになったのだから。

馴染めないといえば、予備士官学校で、徹底的に規則正しい生活を叩きこまれた身にとって、中野学校の生活は、まるでとりとめのない、馴染めないものであった。折角新調した少尉の軍服を着ることを禁じられたのも、情ないことであった。

朝――りゅうりょうたるラッパの音に、彼らはあわてて目を覚すが、それは、お濠の向こうの近衛連隊のラッパだ。彼らの起床は、一時間遅い午前七時である。一度さめた目は、またつぶるわけにもいかず、彼らは床の中で何となくもて余すような一時間をついやす。こうして、毎朝、とまどいした目覚めから一日がはじまる。

起床してみても、部隊にいた時のようにみんなそろって乾布摩擦や体操をするわけではない。朝食の八時までの時間を、彼らは門を出て、九段や神田の街を散歩して過ごす。

朝食も、炊事当番がいたり「飯上げーッ」という威勢のいい号令がかかったりするわけではない。めいめいチケットを貰って、隣の軍人会館の地下食堂に食べに行くのだ。昼食も夕食も同じだ。

学課のはじまるのは午前十時。

朝食がすんだあと、学課までの時間は、武道の練習だ。道路を距てた向い側に憲兵隊の武道場がある。そこへ全員が出向いて、それまでののんびりした気分を埋めあわせするような、激しい意気込みで稽古をする。柔道、剣道が主だが、時には合気道もやった。びっしょりかいた汗を拭うまもなく、午前十時の学課がはじまる。

教室には一階の表側の部屋があてられた。正面に大きい黒板があり、それに向かって、木の机と椅子が並んでいる。きわめて普通の教室風景である。全員で十八名の小人数だから、もちろん、教室は一つだ。

講義は、秋草所長、福本主任、伊藤訓育係の三人を主力に、陸大の教官や参謀本部の参謀たちが、何れも私服に着替えてやって来てそれぞれの専門科目を分担して行なった。

講義もまた型破りであった。教科書がない。教材がない。もちろん、一貫した教育方針や指導基準があるわけではなかった。講義は、各教官の思いどおりに、自由な形で行なわれた。

わが国の戦国時代や、中国の戦史や、日清、日露その他の戦史の中から、秘密戦に関する記録を収集したり、海外武官による各国の視察報告をまとめたりして、教材をしだいにつくっていく状態であった。これらの記録の中で、学生たちにもっとも深い感銘を与えたのは、日露戦争における明石元二郎大佐の活躍であった。

中野学校の錬成要綱の一つに、「外なる天業《てんぎょう》恢弘《かいこう》の範を明石大佐にとる」という言葉があった。

中野学校の目的は、単なる秘密戦士の養成でなく、神の意志に基づいて、世界人類の平和を確立するという大きいものであり、そしてその模範とすべきは明石大佐である、という意味だ。

実際に、明石大佐の報告書と「革命のしおり」という標題のつけられた大佐の諜報活動記録は教材に用いられ、それによって、学生たちは大いに鍛えぬかれたのである。

明石元二郎大佐――一般の人でこの名を聞いたことのある人さえおそらくほとんどいないだろう。しかし、日本の謀略・諜報戦史上からいえば最大の功績を残した偶像的人物であり、世界の謀略史の上でも、明石大佐に匹敵するほどの大業績はちょっと他に比較できるものが見当たらない。

それほどの勲功をたてながら、一般にはほとんど名前が知られていないのも、いかにも謀略の神様にふさわしいあり方というべきだが、この際、是非、明石大佐の功績を明らかにしておきたい。

日露戦争が、戦前まで通説になっていたように、日本の圧倒的勝利によって幕を閉じたものでなかったことは、終戦後、史家によって明らかにされている。

日本海々戦の勝利および、奉天会戦におけるセンメツ的勝利が日露戦争の終結のきっかけを作ったことは事実である。しかし、それは、日本がロシアそのものを打ちのめしたことを意味しない。実際には、日本軍はロシアの国内に一歩も足を踏み入れたわけでもない。ロシアの満州派遣軍に対してのみ戦闘上の勝利を得たにすぎなかった。

ロシア本国内にはまだ数個師団の新鋭兵力が残っており、露帝ニコライは、

「われみずから大軍を率いて、東上し、日本軍を撃滅せん」

と大号令を発していたのである。もし、この新鋭兵力が大挙満州にやってきたら、その

時の日本にはもはやこれを迎えうつだけの余力は残っていなかった。戦争の勝敗は逆転したかもしれないのである。

この時に、明石大佐はたった一人でロシア本国内に潜入し、謀略を用いて、新鋭兵団の出動を完全に阻止したのである。

いってみれば、日露戦争は明石大佐によって勝利にみちびかれたのである。かりに、東郷平八郎がいなくても日本海々戦は勝利を博したかもしれない。また乃木希典がいなくても奉天会戦は勝ったかもしれない。しかし、一人の明石大佐がいなかったなら、日露戦争は勝利のうちに講和を結ぶことはできなかったであろう。

明石大佐の用いた謀略はどんなものだったのか。それは革命の煽動であった。

日露戦争が戦われた明治三十七、八年ごろには、クロポトキンの無政府主義をはじめ、各派の反帝運動がしきりにおこりつつあった時で、これが、日露戦争における露軍の敗北が伝えられるに及んでますます盛んになり、ロシア本国内には暗殺、暴動を企てる機運がみちみちていた。

プレハーノフ、レーニンなどがマルクス主義を奉じて徒党を組み、革命運動をおこそうとしたのもちょうどこのころである。

明石大佐はこれらの動きに着目した。

彼は日露開戦前から駐露日本公使館付武官として、モスクワにあった。日露両国間の風雲が急になり、開戦が必至と見とおしをつけると、大佐はいち早くレーニンに近づいた。レーニンはポルシェヴィキを率いて帝政打倒の暴力革命運動をおこそうとしていた。

「レーニン君、私も帝国主義をにくむことにおいて君と変わらない。君の今後の運動には出来る限りの応援をさせてもらうよ」

「駐在武官であるあなたが、僕たちの思想にそんなに共鳴してくれるということほど心強いことはない。頼みますよ、アカシさん」

すっかり胸襟を開いて友だち同士のようになったレーニンと、明石大佐は、お互いに肩を叩きあい、手を握りあって運動の前途を祝った。

やがて、日露開戦——明石大佐はモスクワにはいられなくなり、中立国であるスウェーデンに移ることになるが、ストックホルムからひそかにレーニンとの連絡をとりつづけ、レーニンやトロツキーらの暴力革命を応援するために、彼らの必要とする武器を高田商会の手を通じて買い集め、ロシア国内に送りつけた。

「アバズレーフ、われわれはあなたの好意を無にしないためにも必ず革命を成就してみせる」

レーニンは明石大佐に感謝の手紙をしばしば送った。大佐は「あばずれ」をもじって、自分のロシア名をアバズレーフといっていた。

ポルシェヴィキは日本の武器をもって、ロシア国内で暴れまわったのだ。このため、精鋭をほこる最新兵団数個師は、ニコライ大帝の豪語にもかかわらず、本国内に釘づけになってしまって、東洋に出動することができなかった。奉天会戦は、ロシアとしては、不満足な少数兵力で戦わなければならなくなり、そのため、日本軍に徹底的に打ちのめされることになったのだ。

まさに、世紀の大謀略というべき、明石大佐の勲功であった。これに使った機密費は当時の金で八十二万円、今の金にすれば四、五十億円にもなるだろうか。たった一人で、これだけの巨費を使ったというのも、謀略史上、珍しい記録だが、その成果の大きさにくらべれば、四、五十億円の機密費もあえて多しとはされないだろう。

明石大佐が帰国したのは、明治三十九年五月、大山総司令官らのはなばなしい凱せん行進の翌日、目立たぬ背広姿で荷物もトランク一つという軽装で、フラリと新橋駅に降り立った明石大佐には、出迎えの人は一人もいなかったという。

もちろん、軍の上層部では明石大佐の働きは十分認識していたから、大佐はその後トントン拍子に出世して陸軍大将になり、台湾総督としても多くの業績を残した。

この秘録をはじめて教えられた学生たちは、第二の明石大佐となることを合言葉にしてますます秘密戦士たるべき未来に情熱を燃やした。

時事問題がテーマにされることが多かった。「中国の税制改革と米国の侵略気運」「南方経済開発のすすめ方」などといった課題を、教官がいろいろな資料を調べて講義するのだが、たまにガリ版の参考資料がくばられることがあるだけで、大ていは、教官の口述を、学生がノートにとるというあんばいだった。

学課の講義課目は、諜報、謀略、宣伝、防諜等の諸業務、占領地行政、戦争論、思想問題、政治問題、経済問題などであった。この他に語学が特に重視され、英、露、支、マレー語などのうち、少なくとも二カ国語をマスターすることを全員が要求された。

正午、昼食。午後は術課の訓練が行われた。

諜報、謀略、宣伝、防諜などに関する実務には、さまざまなものがあったが、これについても教材は学校にはないので、実践的教育法が採られた。

牛込若松町の防諜機関では、郵便の開緘盗読をやっていた。外国公館に配達される郵便や、公館から本国に送られる郵便は、すべて中央郵便局から、いったんこの機関にまわされ、痕跡も残さぬ巧妙な方法で開緘され、内容を撮影される。その実際を、学生たちは見学し、開緘術を学ぶのである。学校に帰ってから、実際にノリづけした封筒を何百通と作り、それをはがす練習をくり返して、開緘の技術をみがいた。

また、特殊爆薬、秘密カメラ、偽造紙幣などを作っていた稲田登戸の陸軍第十一技術研究所にはしばしば通って、訓練を受けた。

毒薬の使い方一つでも、いろいろな苦心があることを教えこまれた。相手の目の前で、その湯飲み茶碗に毒薬を放りこむには、指先でつまんでいれるわけにはいかない。軽く握った拳の、人さし指と中指の間に、目に見えぬほどの小粒の丸薬をはさみ、静かに手を動かすと、丸薬が茶碗の中にとびこむという手品のような訓練もやらされた。

砂糖壺の片っ方の内側に砂糖と同色同粒の毒薬を混入しておく。客にコーヒーをすすめ、まず、その砂糖壺から自分のコーヒーに一さじ砂糖をすくって入れ、次に、相手の分の砂糖をすくう時、毒薬の混入された砂糖をすくい上げて入れる。同じ砂糖壺からの砂糖だから、相手は怪しみもせずにコーヒーを飲むが、すでに、そのコーヒーの中には、砂糖にまじって遅効性の毒がとけこんでいる。客は、数時間後、路上、あるいは自宅で、突然倒れるのである。こんな方法も教えられた。

また、一見ありきたりの仁丹ケースのフタをとってみると、中が二つに仕切られ、仁丹の出る穴が二つあいているものがあった。一方には毒を仕込んだニセの仁丹を入れて、携帯し、暗殺すべき相手に会った時、まず、自分で、一ふり仁丹を掌にすくって飲んでみせ

てから、相手にも
「仁丹はいかがですか」

とすすめる。安心して差し出す相手の掌に、毒入りの仁丹がのせられることはいうまでもない。

盗聴技術も重要な訓練科目であった。

腕時計をかたどったマイクを左手にはめ、胸の中に、ピースの箱大のテープ・レコードを忍ばせることもあったし、官庁の会議室やホテルの応接間等に忍びこんで、カーテンの陰にマイクをとりつける練習をしたこともあった。

変装術は偽騙術という名で呼ばれた。

各人が、完全にその人物になり切れる職業を、少なくとも二つは持つように練習させられた。

運転手、電気技師、僧侶、行商人、学者などさまざまな職業についての知識を、そのためには仕入れる必要があった。然し変装の基本は、最も自然な姿で長期間偽騙し得る確信を持つことが第一であり、周囲の環境と任務にマッチすることがその次に要求される。また実践に際しては、各自の判断による独創が最も大切である事を教わるのである。

術科の実習の他に、三日に一度ぐらいの割合で、抜弁天にあった合気道の植芝道場に通うのも、午後の日課であった。
柔道、剣道、合気道、短剣術、拳銃射撃、自動車は勿論のこと、飛行機の操縦も練習した。これは、飛行場から敵機を盗み出すことを想定しての事である。あらゆる訓練を要求された。甲賀流十四世の藤田西湖を講師として招き、隠密《おんみつ》や忍者が学んだ特殊の術も学んだ。

午後五時からは自由時間になっていたが、実際は、この時間の行動もすべて、教育目的に結びつくものであった。

東条陸軍次官の視察が契機となり、開校後半年ほどして、学生たちの宿舎には、千駄ケ谷にあった松平侯爵の別邸があてられることになった。そこから九段まで、学生たちは、サラリーマンのように「通勤」した。

午後五時になると、退社後の時間をどうやって過そうかと思案する独身サラリーマンの顔付きをして、三々五々、神田の盛り場へ足を向ける。四、五人のグループはダンス教習所のドアを開ける。また別のグループは撞球場に入る。

「歩兵操典しか知らないようでは、謀略戦士となることはできない。国際場裡に立ってひけをとらぬ活躍をするためには、一流の軍人であると同時に、一流の紳士でなくてはならぬ。ダンスも、撞球も、そのための訓練だ。いい加減な気持でやるな」

と秋草中佐からつねづね言い聞かされていた学生たちは、ダンスのステップを踏んでも、その意気込みは、普通の客とはまるで違う。上達もおそろしく早かった。

時には、秋草中佐が学生たちを引率して、銀座の一流のレストランに夕食を食べに出かけることもあった。これもまた、テーブル・マナーの「演習」であった。

赤坂や神楽坂の待合遊びも「演習」させられた。そういう席では、秋草中佐は「所長さん」福本中佐は「主任さん」伊藤少佐は「係長さん」と呼ばれた。

その所長さんは

「大いに飲め。飲んで大いに酔っ払え。しかし、酔っても絶対にくずれちゃいかんぞ」

と学生たちに訓戒を垂れた。

学生たちは地方出身の武骨者が多かったが、一年近く経ったころには、みんな見違えるように洗練された紳士になっていた。はじめに持参した野暮ったい背広も、一流のテーラーで仕立てた流行の型に変わっていたし、頭髪をなでつけるポマードも、ヤードレイなど舶来品のかぐわしい匂いを放っていた。

しかし、外見がスマートになっていくのに反して、学生たちの心身は鍛えこまれた鉄のようにきびしさを加えていった。それは、まさに「奇妙な生活」であった。

奇妙といえば、十八人の一期生たちが、お互いに、肉親よりも強い友情を築いていったその方法も、奇妙なものであった。

親兄弟との縁も絶ち、戸籍も抹消して、国家の捨石になるという世にも稀な運命を与えられた十八名の青年たちが、その共通の運命のゆえに、肉親以上に親しい契りを結ぶようになったことは当然であろう。

九州から来た者、東北から来た者、満州派遣部隊から来た者もあって、それぞれ、生まれた土地も、育った環境もみなちがったが、そんなことは問題ではなかった。共通の運命をにない、共通の使命を課せられた連帯感は、いやでも彼らを強いきずなで結びつけずにはおかなかった。

しかし、彼らがお互いに親しくなるための方法というのは、一風変わったものであった。血気盛んな、文字どおりエネルギーのみちあふれるような若者たちは、まるで、そのエネルギーの吐け口を求めるように、入所早々の頃は、しょっちゅう喧嘩をした。他人が見れば、よほど仲の悪い者たちが集まったものと思っただろう。しかし、この喧嘩こそ、彼らが、お互いに親しさを増すための、そしてまた、お互いを強いきずなで結びあうための手段だったのだ。

喧嘩第一号は、丸山と真田の殴りあいだった。

二階の居室で、久村が本を読んでいると、階下で急に騒がしい物音がしたかと思うと、大木が大声をあげながら階段を駆け上ってきた。

「おーい、久村！　九州がやられているぞッ」

「なにッ、九州が？　誰だ」

久村は本をおいて、立ち上った。九州からは、久村のほかに真田、井田、山田、境野の四人がきており、九州組と呼ばれて、自然に親しいグループを作っていた。

一階の正面玄関から真直ぐ奥へ通じている廊下の突当りで、取っ組みあいをしている二人のまわりを十人位の学生たちがみな腕を組んで見守っていた。誰も手出ししようとはしない。その人垣を久村は押し分けて、血だらけになっている二人を制した。組み伏せられて、劣勢なのが九州組の真田だった。真田は九州組の中でも、久村とは同じ久留米から出て来た男なので、ことに仲がよかった。

人なみすぐれた腕力をもった久村に、羽がい締めに抱きとめられた真田は、どうすることも出来ず、狂気のようにわめいた。

「久村、離せ！　離してくれ！」

久村はなお真田の体を抱きとめたまま、真田の相手の丸山にむかっていった。

「丸山！　お前は二階へ引きあげろ。この喧嘩はおれがあずかった。早く二階へ行け」

真田がかかってくるなら、いくらでも応戦してやるぞという気構えを見せて、突っ立っていた丸山は、傍観していた十人とともに、その場を引きあげた。

「丸山ッ、逃げるのか、卑怯者！　おい、久村、おれを離してくれ」

「ばかッ、顔を洗ってこい。大した傷じゃない」

血だらけの顔でわめきつづける真田を、久村は洗面所へひっぱっていった。顔を洗い、服の泥を払って、気をおちつけてみると、真田の気持ちも嘘のように静まった。

二階へ上ってみると、丸山もけろっとして久村たちを迎えた。

「どうだ。怪我はなかったか」

「なァに、あれぐらいで怪我などするもんか。大丈夫だ」

真田も丸山も大きな声で笑った。

「しかし、久村よ。おまえは何故、真田に加勢しなかったんだ。親友がやられているというのに」

丸山がこんどは久村にたずねた。

「おれは九州から東京まで喧嘩しにやってきたんじゃないさ」

淡泊な調子で答える久村の様子をしばらくみていた丸山は、急に何を思ったか、手をさし出した。

「おい、握手しよう」

丸山の肉の厚い手を握りながら、久村は、こいつもいい男だな、と内心つぶやいた。この事件以来、久村は真田とよりも、かえって丸山と親しくなり、無二の親交を結ぶようになった。

喧嘩第二号は杉田と新田。二人はこれを契機に親友になった。新田は牧沢とも派手な喧嘩をし、やはり、以後仲良くなった。あいつと仲よくなりたいと思いながら、そのためのキッカケがつかめず、いらいらする気持が、相手に喧嘩を売るという形で爆発してしまうのだった。

もちろん、喧嘩ばかりが、親交をつくる動機ではなかった。

猪山と渡は、郷里が同じ福島であることから親しくなった。渡は、越田とも親しかったが、これは二人とも語学が抜群によく出来るという共通点を持っていたためだった。渡はまた久村とも親友だった。彼が急性盲腸炎で日大病院へかつぎこまれた時、久村は、ひそかに自費を支払って、渡を特別室に入れる手配をした。これが二人の間の親密さを深めるきっかけになった。

実家が僧職にある阿川と須山は内静的な性格のためか何時とはなく話があった。二人はともに聖人君子然として、誰からも親しまれた。

大木は、学生の中で最年少であり、「坊や」というニックネームでみんなから愛された。

「おれ、女の着物を見ただけで身体がふるえてくるんだ」

そんなことをいう彼をみんなは大袈裟なことをいう奴だと笑ったが、これは決して誇張ではなかった。仲間は大木に女に対する抵抗力をつけるためにさまざまな工夫をしたが、どれも不成功に終わった。そんなエピソードも、彼が仲間からいっそう愛されるようになる原因であった。

たった一人、十八人の同志的結合からはずれていたのは岡であった。

東大出の秀才であった彼は教官たちには受けがよかったが、その点取り虫的態度が、生徒仲間では評判が悪く、孤立した存在となった。二九貫余の堂々とした体軀にもかかわらず、神経質だった彼は、その孤立にも堪えられず、しだいに強度のノイローゼとなり、落伍してしまったのである。

十八人はわずか一年の共同生活の間に、肉親以上の強いきずなで結ばれあった。彼らはそのきづなを互いにたしかめあうようによく口をそろえて満蒙の歌を歌った。

それは、後に後輩によって次のような歌詞に統一され、「三三の歌」として校歌となり今日に至っている。三三部隊というのは、やはり偽装のためにつけられた中野学校の別名である。

三三の歌

赤き心で断じて成せば
骨も砕けよ肉また折れよ
君に捧げて微笑む男児

いらぬは手柄浮雲の如き
意気に感ぜし人生こそは
神よ与えよ万難われに

大義を求めて感激の日々
仁をもとめてああ仁得たり
アジアの求むはこの俺達よ

丈なす墓も小鳥のすみか

埋れし骨をモンスーンにのせて
散るる世界のすべてが墓だ

丈夫生くるに念忠ありて
闇夜を照らす巨燈を得れば
更に要せじ他念のあるを

南船北馬今我は行く
母と別れて海越えて行く
友よ　兄等と何時また会わん
友よ　兄等と何時また会わん

3　ソ満国境の卒業演習

基礎訓練を徹底的に叩きこまれたあと、実戦に即応すべき謀略演習が行なわれた。この演習こそ、中野学校教育の真髄が発揮されたものであった。

ある日、久村は、山田、境野らとともに、稲田中佐のもとによばれた。稲田中佐は謀略担任の教官である。

「品川のK工場。これは軍需会社である。われわれは同工場の機能を破壊し、敵の軍需生産能力に痛撃を与えんとする企図をもって、行動を開始する」

稲田中佐が久村たちに与えた命令は、このような極めて簡単なものだった。

まったく突然の命令だ。K工場についての予備知識もない。雲をつかむような話だが、命令がいったん発せられた以上、直ちに行動は開始されなければならない。教官室を出た久村たちは、すぐさま、品川に向かった。もちろん、私服だ。

品川区北品川——昔の宿場が商店街になり、それに隣接して、いくつかの工場が何本もの煙突を空に突き出している。K工場はそれらの一つだ。高いコンクリートの塀をめぐらし、正門にも通用門にも、数人の守衛が厳重な警戒の目を光らせている。時どき、制服の憲兵が出入りしているのも、軍需会社なればこそだろう。

正門にぶら下がっている看板にも「K工場」とあるだけで、一体、何を生産しているのか、それさえもわからない。

「こんなに警戒がきびしくちゃァ近づくこともできんじゃないか」

「隣の工場の煙突にのぼって、望遠レンズで写真をとってみるか」

「ばか！　そんなことをしたら、こっちの姿は丸見えじゃないか。煙突を下りるころには憲兵が駆けつけてきて、とっつかまえられるにきまっている」

「なまじ門の近くをうろうろするから怪しまれるんだ。思いきって、工場の中へはいってしまえば、かえって怪しまれまい」

三人は、物陰から工場の様子をうかがいながら、工場へ潜入する方法を相談しあった。その間も、工場を出入りする工員の数や動作、態度、トラックの数や積載貨物の量などを仔細に観察してメモをとることは怠らなかった。

「よし、まずおれが潜入する」

久村は二人を残して、工場に近づいた。彼はさっきからの観察で、大部分のトラックは正門から入るが、時どき、裏手の通用門から入ってゆくトラックがあること、そして、その時には、鉄扉を開くために守衛が両側から飛び出してくるなどの状況をつかんでいた。

通用門には守衛が三人しかいない。二人が後扉を左右から開き、もう一人がトラックの通行証を点検する。三人の守衛の注意が一台のトラックに集中する一瞬があるのだ。その一瞬をねらって、するすると門に近づいた久村は、素早い動作で、身体を門の内側にすべりこませると、守衛の背後を通りぬけ、まんまと工場内に入りこんでしまったのだ。

予想したとおり、工場内に入ってしまえばかえって楽だった。どんどん新顔の徴用工がはいってきているので、工員や職員同志、見なれぬ顔に出会っても別段怪しいとも思わない。また、出入り口の警戒が厳重なのだから、工場内を歩いている人間に怪しい奴がいるわけはないと安心する心理的盲点もある。

久村は誰にとがめられることもなく、工場内を歩きまわった。

その日、久村等が調べあげたのは、倉庫内の資材の種類、数量などから、一日の生産能力、さらに工員たちの給与状況や、もし、工場に一発のダイナマイトを仕掛けるとすればどの建物にすべきかなどという点であった。

この調査結果は、翌日、稲田中佐にくわしく報告された。

稲田中佐は、久村たちの潜入偵察の結果を確認するために、こんどは、軍服に参謀肩章をつって工場へ乗りこんだ。久村たちが調べた諸点について、稲田中佐は工場の責任者から実情を聞いた。それは、久村たちの調査とほとんど違っていなかった。

「よし。今回の謀略演習は合格である」

学校に戻った稲田中佐は、久村たちを呼んで、こういった。しかし、その声の調子には特にほめるという感じはなかった。成功して当りまえなのだ。万に一つの失敗も許されない――それが謀略活動の宿命なのだ。実戦における謀略は、その失敗はすなわち死を意味する。演習の場合は
「万一、発見されても、身分はあくまで秘匿して、警察でも憲兵隊でも連行されろ。あとで貰い下げに行ってやるから」

と申し渡されてはいたが、実戦ではもちろん貰い下げなどない。発見されれば直ちに銃殺なのだ。

万に一つの失敗もしない――そのためには、万全の準備が必要だった。

昭和十四年の春、十八名の学生全員で、鬼怒川発電所の謀略偵察を行なったことがあったが、この時は、まず、一週間にわたって、発電所の構造や機能について詳細な講義が行なわれ、さらに、他の発電所を実地見学して、変電装置などを実際に調べた上で、鬼怒川にのりこむという用意周到さであった。

鬼怒川発電所は、当時としては関東地方最大の発電所で、もし、ここの機能が破壊されれば、首都を中心として、関東一円の生産体制は大混乱をきたす、きわめて重要な場所であった。それだけに、この謀略演習に参加した生徒たちの熱意は大変なものだった。

ある者は、温泉客をよそおって、旅館の浴衣のフトコロに小型カメラを忍ばせて発電所に近づいた。ある者は、釣り人をよそおって、渓流に糸を垂れながら様子をうかがった。また近くの農夫のような恰好をして、発電所の中に入りこんだ者もある。

所内の巡視時間もあらかじめ調べてあったし、機械の配置状況も、実地見学で見当はついていたから侵入は比較的容易だった。発電所の職員がまったく気がつかぬ間に、十八人の生徒たちは全員が所内に忍びこんで、要所々々に、擬装爆薬を仕掛ける作業を完了した。

演習は大成功だった。

この時ばかりは、稲田教官も「よくやった」と学生たちに激励の言葉を与えた。

謀略演習で、もっとも大規模なものは、卒業を前にした昭和十四年八月、全員が満州へ出かけて、実際にソ満国境線付近で爆破演習をした事件だろう。

おりから、ソ満国境はノモンハン事件の紛争で、激しい様相を呈している真最中であった。兵力の衝突ばかりではなく、満州の要地には、ソ連や日本の特務機関が暗い火花を散らして、虚々実々のせりあいを演じていた。そんな状況の中へ、七人の教官にひきいられた中野学校第一期生全員十八人がのりこんでいったのである。

彼らはソ満国境線近くに到着するまで、奉天や牡丹江、ハルピンなど主要都市で各種の謀略演習を行ないながら前進した。無線演習もその一つであった。十八名が紅白にわかれ、お互いに暗号通信を行ない、それを盗む競争をするものだった。

二週間かかって、国境についた。

ソ連と満州の国境線を区切る松花江付近ではちょうど、ハルピン特務機関が、満人謀略部隊を養成中だった。この訓練に合流して、最後の総仕上げ的な大謀略演習をやろうというのが、第一期生全員が満州に渡った最大の目的であった。

松花江を目前に臨んだ国境線には、ソ連の監視兵が一キロおきに配置され、厳重な警戒体制を敷いていた。

「見ろ。あれがソビエトだ」

稲田中佐は、天を指さすように手をあげて、十八名の学生たちにソ連領を示した。

ぼうぼうと夏草がおい繁った荒涼たる風景だったが、学生たちの胸には強い感動がわいた。夏草に見えかくれして、ソ連兵の姿が動いているのだ。

「もっと警戒が厳重になれば、監視兵は監視所に立てこもり、監視所と監視所の間には有刺鉄線が張りめぐらされるだろう。ソ連領に突入しようとすれば、監視の眼をくぐり、鉄条網を破壊して突破口をつくらねばならない。本演習は、国境線突破のための爆破謀略を実施するものとす」

稲田中佐は、はじめて謀略演習の内容を、凛とした声で学生たちに告げた。演習とは名ばかりである。ノモンハンで、ソ満国境線の紛争がおこっている真最中に、中野学校学生が国境線に爆薬をしかけたとあっては、ただごとではすむはずもない。

学生たちは、固唾をのんで、稲田中佐の顔を凝視した。

「もちろん、われわれがやったということをソ連側に気づかれては、謀略は不成功である。誰がやったかわからなければ、土匪の仕業だと言い逃れることもできよう。行動はあくまで秘匿されなければならない……」

中佐の言葉はつづき、爆破計画の詳細が指示された。

松花江をこえた向う岸に、七名の教官にひきいられた十八名の一期生たちが潜入し、国境線の爆破を敢行したのは、それから二日後のことである。稲田中佐が前額部に、久村が右コメカミに爆弾の破片をうけ、重傷を負ったほかは全員無事だった。突然の大爆発に周章ろうばいするソ連監視兵の姿を尻目に、全員はすばやく満州国側にひきあげた。

「ようし。大成功だ」

一同は口ぐちに、困難な仕事を見事になしとげた喜びを交しあったが、さすがにソ連側もさる者だった。翌日のソ連紙には、国境線爆破のことが大きく報じられてあったが、それにはつぎのように書かれてあった。

「これは、東京からやってきた日本陸軍将校たちの陰謀である。数名の高級将校は負傷した……」

中野学校のことは見ぬけなかったが、ソ連側の密偵は国境線爆破計画の真相に近いものをちゃんとつかんでいたのだ。久村たちは、今さらのように、国際謀略合戦のすさまじさを思い知らされたのであった。

こうして、一カ年の養成期間はすぎ、久村ら十八名の学生たちは、国軍最初の秘密戦士として、巣立つことになった。

それから間もなく、養成所は、「陸軍中野学校」と正式に改名され、勅令機関（官制による機関）となった。また、それまでは陸軍省兵務局長の隷下であったものが陸軍大臣直轄学校となり、恒久的な機関に成長した。初代校長には、陸軍士官学校本科生徒隊長であった北島少将が任命された。

初代幹事には福本亀治中佐、初代学生隊長には本間大佐が同じく任命された。

ここでちょっと、中野学校という名前が生まれるのに至ったゆえんを説明しておこう。

日本陸軍最初の謀略諜報要員養成機関が「後方勤務要員養成所」という世間をあざむく名前で出発し、その建物が、九段の愛国婦人会本部の一部を借用したことは先に書いたとおりである。だが、この建物は期限付きの借用契約であったため、一年ほど後には立ちのかなくてはならないことになった。秋草中佐は福本中佐や、また当時陸軍省軍事課員であった岩畔豪雄中佐らとともに、連日、東京都内外の土地を物色して、移転先を求めた。けっきょく、白羽の矢の立てられたのが、中野区囲町の旧中野電信隊跡の土地であった。

電信隊が移転してからすでに長年月経っていたその土地は、尺余の雑草がおい繁り、その中に屋根も傾いた廃屋が点在するという、まったくの荒れ地であった。折れたり、朽ちたりした電柱が無数に立ちならび、それに、錆びた電線がクモの巣のようにからみついている光景は、まことに荒涼たるものであった。

だが、荒れ放題に荒れたこの土地には、近所の者すら寄りつこうとはしない。軍の秘密機関を設けるにはかえって、有利な条件であったといえる。

秋草中佐らによって、この土地への移転が決定されると、工事は早急にすすめられ、裏門近くにあった旧軍用鳩研究所の建物が、仮校舎とて改造された。

まもなく、九段の愛国婦人会本部の建物を引き払った学生たちは、この雑草に埋もれた新校舎に移り、ひきつづき、訓練をうけることになった。

「陸軍中野学校」という名前は、このようにして、校舎の所在地名からとってつけられたものである。

しかし、この正式名は、当時は、実際には用いられることはほとんどなく、もっぱら、「第三十三部隊」または「軍事調査部」という呼称が用いられた。校門にも、「陸軍通信研究所」という木札が掲げられた。もちろん、これらは学校の存在を秘匿するための処置である。

陸軍の正規学校となった中野学校は、やがて第二期生を迎え、私塾的システムから大規模な秘密戦士養成機関として脱皮してゆくのであるが、第一期生も、卒業前の約一カ月の間は、この中野学校で起居して教育をうけ、名実ともに、中野学校第一期生と呼ばれるにふさわしい期間をすごした。そればかりではなく、一期生たちは、彼らの後継者となるべき二期生を、彼ら自身の目で選ぶという重大な使命も課せられたのである。

久村たちは、それぞれ出身予備士官学校へ派遣され、学校当局の協力を得て、適任者の選定にあたった。

異例のことであった。一期生たちが、どれだけ軍から信頼されていたかがわかる。

後継者もきまった。あとは、国軍初の、組織的訓練をうけた秘密戦士として、その実務に挺身するだけである。

十八名の若者たちは、獲物に飛びかからんとして身をひそめている虎のように、じっと出動命令を待っていた。

第二章　暗雲の中国へ

1　試練に耐えて

　昭和十四年十月初旬、中野学校一期生たちは、秘密戦士として、いよいよ第一線に立つことになった。

　久村は、井田、真田とともに、第一陣として中国に派遣されることになった。現地に行く前に、三人はまず参謀本部第七課（支那課）に配属された。いわば、行儀見習である。

一ヵ月後、久村は北京へ、井田は上海へ、真田は蒙古へとそれぞれ赴任地が決定し、三人はいよいよ現地へ赴くことになった。然し輝かしい出陣にもかかわらず十月三十日、東京駅頭には第一陣の三人を見送る、他の一期生達の姿のみが無言の激励を込めて、三人を取り囲んでいたに過ぎなかった。

　そのころには、十八名の同期生たちの身の振り方はすべて決定されていた。アメリカ駐在武官附一名、ドイツ駐在武官附一名、満州国派遣組三名、南方組四名、国内防諜二名、中野学校教官として残留する者が三名、特情担当（上海）一名、といった割り振りで、みな重要な任務を帯びて、次つぎとそれぞれの任地に散っていった。

政府が不拡大方針を宣言したにもかかわらず、中国大陸の戦火は、燎原の火のように拡がるばかりで、騒然たる世界情勢の中に、日本の運命は一歩々々、深淵に近づきつつあった。

陸軍中野学校第一期生という輝かしい名を与えられた十八名の青年将校たちは、そのような祖国の運命に、自分たちの身命をゆだねて、悲壮な決意と、壮大な野心をもって、それぞれの任地に臨んだのである。

彼らの決意と野心にふさわしく、軍当局が彼らにかけた期待も極めて大きいものであった。現地派遣第一陣として中国に向かった久村たち三名は、赴任に当たって、閑院宮参謀総長のお召しを受け、直接、特別訓令を与えられた。

「貴官は北支に位置し、米英の勢力浸透状況を調査し、支那秘密組織を究明するとともに、中国の風俗習慣、及び語学の習得を研究すべし」

久村は、訓令をしずかに読み上げる閑院宮の声を頭を垂れて聞いた。閑院宮は、さらに
「これを任地の参謀長に差し出すように」

と一通の書面を久村たちに渡した。それは訓令の写しに添えて、

「本人たちが大成するよう、特に留意して指導すべし」

と参謀長に注意を与えたものであった。こんなにまでも深い配慮が行なわれたのは、いかに軍が期待をかけているかということの証拠であると、久村たちは、いまさらのように使命の重さを痛感した。

北京に到着した久村は、直ちに、北支那方面軍司令部第二課に配属を命ぜられた。第二課は、さすがに北支における情報、謀略の大元締めであるだけに、錚々《そうそう》たる特務工作のベテランたちが集まっていた。

浜田課長は報道部長をも兼ね、すぐれた統率力をもって、課員たちをしっかりと掌握していた。主任参謀の堂ノ脇中佐は、中国青年党の再建や中国演劇の復興に肩入れをするなど、文化工作に熱意を示していた。日高中佐、渡瀬中佐、河野中佐、横山少佐等、少壮将校たちはいずれもすぐれた人材で、たくみなチームワークのもとに活動をつづけていた。

中でも目立った存在は茂川中佐であった。彼はすでに北支在勤二十年という経歴を持っていた。一地に定着させることをしない陸軍人事としてはきわめて珍しい例だが、それだけ、茂川中佐の中国通としての蘊蓄《うんちく》が買われたのだろう。彼は後に陸大卒でなければほとんどなることの出来なかった参謀の身分に、陸士卒だけの経歴でなった程の人物である。彼が主宰していた茂川機関の勇名は中国側にもとどろいていた。

久村は、この茂川機関の補佐官の名を与えられた。

「当分は中国の風俗習慣をしっかり勉強するんだな。それから、中国語は一日も早くマスターするように」

緊張のあまりこわばっている久村の姿勢をやわらげるように、茂川中佐はその厚味のある掌で、久村の肩をポンと叩き、

「これは当座の小遣だ」

とむき出しの三百円の札束を手渡した。それは、久村がびっくりするような大金であった（当時の久村の給料は八十五円であった）。

十二月一日付で、久村は中尉に進級の吉報を伝えられたが、それは表面上は何ら彼の生活には関係のないことだった。着任と同時に、軍服を脱ぎ捨て、今では、北京市内西単牌路の高級アパートに、著述業という触れこみで住んでいる久村にとっては、新しい中尉の階級章を身につける機会はなかった。

現地における特務工作の要諦は、現地人との親密な接触をつくることにある。久村はアパートの住人を物色して、親交を結ぶべき相手を探した。久村が白羽の矢を立てたのは、二人で一緒の部屋に住んでいる闞青年と金青年だった。彼らは北京の精華大学を卒業したインテリで、重慶へ逃れるチャンスを逸したばかりに、北京に残留せざるを得なかった者で、当時、北京にいたインテリの多くがそうであった如く、彼らもまた、日本人と交際は

するが、抗日意識は捨てきれず、といって兵士となって抗日戦線に加わって戦うほどの決断力もつかない中間派的存在だった。

久村は、日毎に二人の青年と親交を深めていった。久村を中国に理解のある日本の若い学究と信じて疑わなかった二人の青年は、すぐ打ち解けて、何でも隠さずに打ち明けるようになった。やがて、久村は闞の口ききで、中国の上流家庭に同居して暮らすことになった。大学で英文学の教授をしている伝という学者の一家である。

伝家は典型的な中国の上流家庭であった。屋敷は五百坪もあろうかと思われる広い敷地に建てられていた。前庭の両側には家僕の家族たちが住む棟があり、（この棟に、普通なら側妾たちが住むことになる）正面には石造りの母屋があった。母屋の裏手は中庭になっており、中庭をへだてて伝家の家族達が寝起きしている棟があった。この棟と母屋とは廊下で結ばれており、便所や浴場は廊下に沿って設けられていた。久村は豪華な調度を備えた母屋を貸し与えられ、そこで起居することになった。

特に親日家でもない伝家が、生活の中に日本人を絶対入れさせないと云う不文律を破って、久村のためにこれだけの好遇をしてくれたのは、異例のことといえよう。ひとえに闞の口添えによるものであった。闞はこの母屋を金とともに、あるいは他の多くの友人たちを伴って毎日のように訪れ、談論したり、酒宴をしたり、娯楽に興じたりして、時を過した。久村はあり余る機密費で彼らを接待した。久村の住まいはさながら中国青年たちのクラブのごとき観を呈した。

これが久村の中国研究に大いに役立ったことはいうまでもない。

満州建国十周年記念行事の一つとして、満州新聞が林房雄の長篇小説『青年』を連載することになり、林が取材旅行のため北京に来た時、一ヵ月余りの滞在中、資料収集の場所となったのも、この伝邸であった。

林は、毎日のように中国青年たちと歓談に打ち興じている久村の悠々たる生活ぶりをいぶかりながらも、さすがに正体を見抜くことが出来なかった。

久村が、少なくとも表面は平和で何の苦労もない生活をつづけている間にも、中国の情勢はしだいに複雑な様相を帯びてきた。

戦線が拡大する反面に、各種の謀略工作がさまざまな思惑をもって行なわれ、中国全土を包む黒い霧は、日ごとにその襞《ひだ》を深くしていくようであった。中でも奇怪なのは、当時中国第一級の政治家であり、親日派の大物であった呉佩孚《ごはいふ》将軍の急死事件であった。

日中事変の収拾策として、陸軍は新政権を樹立し、これによって対重慶和平工作を図ろうという計画を立てた。この構想の立て役者は、中国のローレンスとして世界的に有名であった土肥原中将であった。陸軍大臣の板垣大将と参謀次長の多田大将の両巨頭が、土肥原構想に同調した。土肥原は新政府の首席に呉佩孚を担ぎ出そうと企図して、大がかりな工作を行なった。いわゆる呉佩孚工作である。要した機密費は当時の金で一千万円をこえた。空前の大工作であった。

ところが、これと時期を同じくして、上海では汪精衛工作が活発に進められていた。重慶政府副首席であった汪精衛は、日本軍の援けを借りて、重慶から決死的な脱出行を敢行し、上海にやって来た。これを擁立して新政府を樹立しようというのである。

この工作が参謀本部第八課長影佐禎昭大佐の熱意と努力もあって、成功したことは周知のことである。

汪精衛工作が成功してみると、逆に処置に困ったのは呉佩孚工作の方である。さんざんおだてあげて出馬を懇請しながら、今さら、これまでの話は全部とり消すというわけにもいかないし、といって、そのままに放置すれば、折角成立まで運んだ汪精衛政権のほうに影響を及ぼす。日本側としては呉佩孚将軍の処遇に関して、全くなすべき術を知らなかった。

そんな時に、突如として、呉将軍の急死が発表されたのである。顧みれば、さきに、満州事変の端緒となった張作霖の怪死事件もあり、今また、余りにも日本側にとって都合のよい呉将軍の急死は、何人の目にも不自然なものとして映った。

「いったい、誰がやったのか？　もし、日本軍の謀略工作だとしたら、ばかなことをしたものだ！」

かねて、陸軍のマキャベリズム的な方策に批判を持っていた久村は、この事件に大きい疑惑を抱いた。しかし、事件の真相は、久村の手のとどかぬ黒い霧の中にあった。彼は、自分がおかれている平穏な環境に、しだいに焦燥をおぼえはじめた。

そのような久村のもとに、参謀本部の門松中佐が突然飛来して、おどろくべき知らせを伝えた。昭和十五年二月のことである。

「中野の吉田松陰」として一期生全員から敬愛されていた伊藤佐又少佐を中心に、卒業後教官として学校に残った一期生の丸山、亀田両中尉、二期生の若菜少尉外十名の将校たちが、この年から工作専従の助手要員として教育することになった下士官学生五十名とともに、神戸の英国領事館焼き打ちを計画して全員逮捕されたという事件である。

軍の上層部では、この事件を国粋主義の青年将校たちがひきおこした単なる攘夷事件とはみなかった。参謀本部や陸軍省では、英国領事館焼き打ちは偽装であり、一味の真意は軍首脳に対する国内謀略にあると判断した。中野学校の空気が常日頃、軍首脳部に対して批判的であることは、彼らにもよくわかっていたのである。

事件の規模を過大に判断した首脳部は、焼き打ち計画の背後に、中国派遣組との連絡があるかどうかを極めて重視した。そのため参謀本部では、久村たちのきびしい調査を行なうために、門松中佐を急きょ北京に飛ばせたのであった。

久村たちは、事件についてはまったく白紙であった。寝耳に水の驚きを率直にあらわした久村の態度に、門松中佐も軍の推量が当たらなかったことを知ってホッとした。

事件の真相はなかなか複雑ではあった。

領事館焼き打ち計画を事前に探知したのは、防諜班長として神戸に在勤していた一期生の杉山、須山両中尉であった。敬愛する恩師や刎頸《ふんけい》の交わりを結んだ同期生たちが、不穏な計画を立てていることを知った二人は、自ら出向いて伊藤少佐らに会い、計画の中止を勧告した。しかし伊藤少佐も、丸山、亀田の同期生も、二人の言葉に耳をかすどころか、かえって、二人に一味に参加することを勧めるほどであった。杉山と須山はむなしく引きあげた。といってこのまま黙過することは職責を果たさないことになる。板ばさみの苦衷は彼らに適切な判断を失わせた。二人は自分たちの死によって矛盾を解決しようとし、ピストル自殺を計った。これは、別のルートから焼き打ち計画の情報を入手し、板ばさみになっている杉山、須山両中尉の行動に、暖かい監視の目を離さなかった彼等の直属の上官の、間一髪の制止で未遂におわった。

神戸の宿舎で、決行寸前に逮捕され、東京に連れ戻された六十数名の焼き打ち派は、軍の峻烈な取調べに対して、絶食と黙秘をもってこたえ、最後まで一言もしゃべろうとしなかった。

背後関係者として、参謀本部の桜井徳太郎大佐、高嶋辰彦大佐ら革新派の高級将校が存在することも軍ではわかっていたが、一人として口を割らない以上はどうすることもできない。確信がにぎれないことと、また緊迫している対外関係に及ぼす影響をおそれたこととの二つの理由によって、事件はうやむやのうちに処理されてしまった。一味のうち、教官の身分にあった三人は、伊藤少佐が予備役に編入され、丸山中尉はジャワへ、亀田中尉はアフガニスタンへ外交官の名目で赴任し、ともに中野学校を去ることになったが、若菜少尉以下六十名の学生たちは何ら責任を問われないことになった。

桜井大佐は北支開封特務機関長に、高嶋大佐は地方部隊の部隊長に転出を命ぜられ、二人とも参謀本部を去った。

だが、この事件のもたらした影響は小さいものではなかった。

日本の運命を破局に導いた最大の癌と云われるものは、陸軍における幕僚指揮の弊風であった。その弊風の素因である、陸大閥が幅を利かしている大本営の独善的傾向に対する警鐘として、この事件は大本営内でもさまざまな波紋をまきおこし、同時にまた、中野学校の反骨精神が高く評価されることにもなったのである。

国内、国外ともに、情勢はしだいに緊迫の度を加えてゆく。日本を中心としてアジア全体が巨大な黒い渦をまいているようだ。その渦の中へ、一日も早く飛びこんで、思う存分活動してみたい——久村はそんな激しい思いを押さえかねて、悶々の夜をすごすことが多くなった。


昭和十五年十月、久村は開封地区の視察を命ぜられた。

当時、北支の帰徳—開封地区には、親日反共の張嵐峰軍約三万が駐屯していた。軍長の張嵐峰は日本の士官学校を出ており、きわめて親日的な人物と目されていたが、この張嵐峰軍に、最近不穏の空気があるという現地部隊からの報告をうけた北支方面軍司令部では、その実情調査のために久村を派遣することにしたのである。

久村は、私服のまま、しかも単身、帰徳の張嵐峰軍本部へ乗りこんだ。彼の身分を保証するものは、北支方面軍司令部参謀長がしたためてくれた一枚の紹介状のみである。張嵐峰軍は、帰徳城から一里余り離れた平地に駐屯していた。

当時電燈もなかったへんぴな帰徳城内には、日本の騎兵旅団司令部が駐屯しており、日本人（といっても八割は朝鮮人）も二百人くらいいたが、一歩城外に出れば、いつ、どこに共産八路軍や土匪などが出てくるかわからず、治安は確保されているとはいえぬ状況であった。

不穏な動きがあるといわれている張嵐峰軍が、もし、久村に対して害意を抱いたなら、それを防ぐべき手段はない。

しかし、久村はあえて単身乗りこんだ。

部隊の訓練状況や配置を視察したあと、バラックの軍長室で、アンペラにあぐらをかきながら、久村は軍長、三人の師長および参謀長の五人の幹部と、膝をまじえて語りあった。単身私服でおとずれた久村の誠意を感じたのか、それとも安心したのか、師長たちは、ずけずけと日本軍への不満を久村に訴えた。

久村にとっては、意外な発言ばかりであった。

「軍長は親日家である、と日本軍のほうでは簡単に考えておられるようだ。しかし、軍長は肉親を日本軍のために奪われているのです。軍長の長兄は、自分の眼の前で娘が日本兵に強姦されるのを見て、必死になって、これを阻止しようとした。だが、日本兵の銃剣はまるで虫けらのように長兄を刺し殺してしまったのです。こんな恨みを日本軍に対して持っている軍長が、日本軍と手を結んでいるのは、そうしなければ、中共軍を倒すことが出来ないからなのですよ」

軍長と同じく、日本の士官学校出身の張第一師長の言葉は久村をおどろかせた。彼は精悍な顔に闘志をみなぎらせ、食ってかかるような調子で、久村にむかって、一気にしゃべった。軍長は、そのかたわらで、じっと目を閉じ、黙然とすわっている。

「先日も、わが軍の団長が日本の旅団司令部に連絡に行った時、衛兵に敬礼をしなかったといって、ビンタをとられた。かりにも少将の位を持つ団長が、自分の従卒たちの目の前で、日本軍の一兵隊からビンタをとられていったいどんな気持だったか。おわかりになりませんか。われわれは日頃、日本軍につとめて協力しているつもりです。それなのに、日本軍がわれわれを遇する態度は、いつもこうなのですよ」

話しているうちにも、第一師長は胸の中がたかぶってくるのをおさえかねている様子だった。

「わたしたちは、軍長に何度も訴えました。こんな侮辱をうけてまで、日本軍と手を握ることはないじゃないか。たとえ、力は弱くても、日本軍と手を切って、われわれだけで共産軍と戦おうじゃないか、と何度いったかしれません」

第一師長は膝の上においた拳をふるわせ、久村に詰めよるようにして言ったが、久村には返す言葉もなかった。第一師長の言葉が途切れると重苦しい沈黙が一座をつつんだ。中国人に対する日本兵のいわれのない優越感が、各地で同様な事件をおこしていることを聞き知っている久村には、師長の話がウソだとは思えなかった。

息づまるような一座の雰囲気を救ったのは、ゆっくりと口を開いた軍長のものやわらかな発言だった。

「第一師長の話はみな事実です。しかし、私は日本軍の中にもわれわれを理解し、われわれと正しく手をにぎろうと考えている具眼の士が必ずいることを信じているのです。げんに、久村先生、あなたも、危険をかえりみずここへやってこられた。われわれを信頼して下さったからでしょう。われわれは中国を赤化から守るために、正しい日華親善を心から望んでいるのです」

「あなたがたのお気持はよくわかりました。私は、日本軍人の一人として、深くおわびしなければなりません。と同時に、今後は、これまでのあやまちを改め、共通の目的を持った同志として、あなたがたと手を握ってゆきたい。私は微力だが、そのために懸命に努力することをここではっきりと申し上げましょう」

久村も、心をこめて一語々々ゆっくりと告げた。第一師長は急に身を乗りだしたかと思うと、久村に飛びかかるようにして、握手を求めた。

「謝々！　久村先生」

激情家なのであろう、第一師長は目に涙をうるませていた。その顔に、窓から薄明がさしこんできた。いつの間にか、六人は夜を徹して語りあっていたのだ。

しかし、張嵐峰軍と日本軍との間にえぐられた溝は、一夜の会談で埋めるには、余りにも深すぎた。

久村が北京に帰って、視察報告を行なってから十日も経たぬ間に、張嵐峰軍反乱す、という知らせが伝えられた。張軍は、日本軍の憲兵と特務機関員三名を射殺して、重慶側に逃亡した。ただし、張軍長の消息だけが不明であるというのである。

「張嵐峰将軍の消息をさぐれ」

と非公式命令を受けた久村は、東四牌楼にある張将軍の留守宅を訪ねた。張夫人は、意外なほど好意的な態度で、久村を迎え、どんな方法で知ったのか、事件の真相をくわしく久村に教えた。

反乱は張嵐峰将軍の意思によって行なわれたものではなかった。軍長の留守中、三人の師長と参謀長が、突発的に反乱を思い立ち、軍長には無断で、五千の兵隊をひきつれて黄河を渡り、重慶側へ逃亡したのだ。

逃亡に当たって、第一師長らは、日本の旅団司令部幹部や憲兵隊長、特務機関長らを謀殺しようとし、昼食会の名目で、招待状を出した。日本側では[illegible]招待を怪しんで、司令部幹部たちは行かず、憲兵二名と特務機関員一名が様子を探りがてら、張軍本部を訪れたところ、待ちかまえた第一師長に、いきなり射殺されてしまった。

夕刻、部隊に帰ってきて、第一師長らの逃亡を知り、呆然としている張軍長のもとに第一師長から電話がかかってきた。

「あなたに無断で部隊を離れたことは悪いと思っている。しかし、私としてはもう一刻も我慢出来ぬ気持なのだ。軍長もわれわれのあとを追って重慶に行かないか」

「私は、いままで信念をもって日本軍と提携してきた。今後も、自分の信念どおりにやっていきたい。君たちが私に背いたのは残念だが、あえて留めない。行きたまえ。そして君たちは君たちの信念にもとづいて行動したまえ」

「われわれは、日本軍の憲兵たちを門出の血祭りにあげてきた。日本軍は、きっと、軍長に報復するだろう。われわれはそれが心配なのだ」

第一師長は、軍長が自分たちと行動を共にすることを熱心に勧めた。

しかし、軍長はついに動かなかった。

「主人は、自分は今後とも反共のために日本軍と手を結んでゆくつもりだ。第一師長らが日本兵を殺したことは、自分の責任でもあるから、日本軍の指示に従わなければならぬ。留守宅にも何が起こるかわからぬが、取り乱したりすることのないように、と私たちに伝言してきました」

夫人は、物静かな態度で、久村に語った。

この夫人のためにも、日本軍は張嵐峰将軍を好遇しなくてはなるまい——久村は善後策を胸の中で案じながら、張邸を辞した。

久村の進言もあって、けっきょく、憲兵殺害事件は不問に付された。張嵐峰は、第一師長ら逃亡後、兵力が激減した部隊の編成替えを行なって、日本軍との協力をつづけ、後に汪精衛新政権の第一方面軍総司令になった。

だが、この事件で、久村が痛感したのは、特務工作のむずかしさであった。

単身、張嵐峰軍の中に乗りこむという危険を冒してまで、こちらの誠意をみせたにもかかわらず、そしてまた、相手側も、第一師長のように、涙をながしながら、握手を求め、久村の誠意を理解した態度を示したにもかかわらず、十日も経たぬうちに、掌を返すように反乱するとは！　第一師長が空涙を流して久村を欺いたのだとはとても思えない。とすれば、人の心はそんなにも簡単に変りやすいものなのだろうか。

特務工作は、一にも二にも誠意をもって相手に当たることだと信じてきた久村だが、誠意とともに、変りやすい人の心を見抜く透徹した眼力も、あわせ持たなくては駄目だということを痛感させられたのである。

張嵐峰事件は、久村にとって、はじめて遭遇した試練だった。

しかし、試練は久村の上にばかり降りかかってきたのではない。久村とともに中国に派遣された中野第一期生は、もっとみじめな試練を受けねばならなかった。久村の場合はまだましのほうだったのである。

在学中は、秘密戦の重要性や、それにともなって中野学校のもつ使命の重大さを朝な夕な叩きこまれ、それを卒直に信じてきた学生たちであったが、学校を卒業して、外の空気に当たってみると、参謀本部の内部でさえ、秘密戦の重大さをよく理解せず、中野学校に対して反感すら持っている人びとが意外に多いことに、まずおどろかせられた。

特に、久村たちが配属された参謀本部第七課（支那課）は

「中野学校は、第五課（ロシア課）の私物的存在だ！」

と公言してはばからぬ参謀さえいるほどの無理解ぶりであった。

久村たちが現地に赴任するに当たっても、

「いやしくも、帝国陸軍の将校が戦地へおもむくのに、髪をのばし、私服でのこのこ出かけるとは何事か！」

と頑固な注意を与えられた。

まして、野戦第一主義の思想が絶対的である現地軍の幹部が、中野学校卒業生というなじみのない存在をどのように考えることだろうか。この点は、さすがに参謀本部でも心配

し、中野学校卒業生を現地に派遣するに当たって、はじめの一年間は、語学研究生として扱ってもらいたいと現地軍に対し注文をつけた。

しかし、参謀本部の折角の計らいも逆効果になった。駐蒙軍に配属されて、内蒙の張家口に赴任した真田少尉は、奇妙な注文つきの新任少尉の処遇をもてあました軍司令部によって、とんでもない奥地の村落に放り出されてしまった。

「ここは現地人ばかりで、日本人は一人もいないから、語学研究には最適の環境である。一年間、みっちりと勉強せよ」

と、表面はもっともらしい命令であったが、その実、一年間の研究費は一銭も与えられず、真田は、北京で堂ノ脇参謀から貰った餞別をちびちびと生活費にあてて、約一年間の露命をつないだのであった。

後にこの実情を知った本郷大佐が、真田を駐蒙軍から北支那方面軍司令部の直轄にしなかったら、あたら中野一期生の一人が、蒙古の片隅に餓死するようなことになっていたかもしれない。

上海に赴任した井田は、真田とは逆に、特務工作のベテランという触れこみで、支那派遣軍総司令部直轄の特務機関である、横山機関に補佐官として配属された。だが、この触れこみはかえって機関長の心証を悪くし、新設まもない工作機関で、人手も足らず、本来なら十分活躍させてもらえるところを逆に、ろくな仕事も与えられず、継子扱いをされて過さねばならなくなった。

形こそ違ったが、井田もまた真田と同様、中野一期生としての門出の時期にあって、苦しい試練に耐えねばならなかったわけである。

2　川島芳子との対決

日華事変がはじまる前、華北地方を地盤として発達した勢力に、中国青年党というのがあった。一時は広東地方から伸びてきた蔣介石の国民党に次ぐぐらいの勢力を誇っていたが、やがて、その大半は国民党に吸収され、蔣介石とともに抗日戦線に参加して重慶に立てこもるようになった。

たまたま、その中国青年党の指導者の一人が、病気のために重慶に走ることができず、北京に隠棲《いんせい》しているのを知った堂ノ脇中佐は、彼を説得して、親日的な中国青年党を再建させた。もちろん、北支方面軍司令部が陰で多額の資金援助を行なったわけだが、もともと、自分たちの意思から生まれたものではないだけに、党活動にはまるで熱意はみられなかった。数百名を数えるにいたった党員も、ただ党籍を持っているというだけだし、幹部たちは、日本軍から受けとる多額の工作費で、遊惰きわまる生活を送っていた。

第二課では、堂ノ脇中佐が転出したあとを、茂川中佐がひきうけて、世話をしていた

が、いっこうに成果は上らなかった。久村は傍観者の立場にあったが、内心、

「こんな堕落した団体が親日を標榜していることは、かえって日本軍の信用をそこなうだけだ。徹底的に大手術を行なうか、いっそ解散させるかしたほうがましだろう」

と考えていた。

ところが、昭和十五年の十二月、久村に、突然、中国青年党の顧問になって、党を内面指導するように、という命令が下された。

住居も、伝邸を引き払って、西単の三官廟にあった中国青年党本部内に移るようにという命令である。

久村にとっては、かねて、中国青年党に対して抱いていた批判を実践すべき好機である。

彼は、この機会に、徹底的なメスを振おうと決心した。

まず、手はじめに、若い党員を数名ずつの班に編成して、中共地区へ潜入させ、対共特務工作を活発に展開させることにした。

一方、日本軍の勢力下にある、日、華双方の新聞に手を打って、彼らの活躍ぶりを中心に、中国青年党のＰＲを開始した。

「中国青年党は教化団体ではない。華北における唯一の闘争団体である」

このような激越な調子のスローガンが、新民会を始め中国側諸団体は勿論のこと、若い党員たちにアピールし、彼らはすすんで、前線に出ていった。中共地区深く侵入し、必死の反共工作を展開して帰ってくる青年たちは、おのずから箔がつき、はばがきくようになったからである。

だらけ切った幹部たちも、いつのまにか、自分たちは昔から闘争的であったような錯覚を起こして、威勢のいい言動を示すようになった。

そんなある日のことだ。

中国青年党本部に、一人の憲兵が久村を訪ねてやってきた。久村とは顔見知りの男である。久村はにこやかに応待した。

「ばかに血相を変えているが、どうしたんです」

「北京大学付属病院の張院長が、西単牌路の大学病院のまん前で、それも白昼、何者かに狙撃されたのです。さいわい、生命はとりとめましたが重傷です」

「あの院長は抗日派だそうじゃないですか。めずらしいことですね」

日本軍が占領後、北京では要人の暗殺事件があいつぎ、未遂もふくめてすでに六件を数えているが、これらの被害者はいずれも親日要人だった。

「そうなんです。それだけに、憲兵隊としては是非犯人を検挙したいのです。これまで、親日要人の狙撃事件は全部犯人を検挙しているのに、抗日要人の被害には知らん顔をしているとはいわれたくありませんからね」

「そうですか。わかった。で、私に何か？」

「実は中国青年党の人たちに犯人の聞きこみ協力をしてくれるよう、取りはからっていただきたいのです」

憲兵はそういって、帰っていった。

憲兵の後ろ姿が見えなくなったあと、久村は、ズボンのポケットからハンカチを出して首筋ににじんでいる脂汗をぬぐった。

病院長を狙撃したのは、ほかでもない、久村自身だったのである。首筋の汗はふきとったものの、久村の心から憲兵の訪問に対する疑念は消えなかった。

（犯人をおれと知っていて、様子を探りに来たのではないか）

（暗に、身代り犯人を自首させるように含みをもってやってきたのではないか）

話している間、久村の眼の底をじっとのぞきこむように直視しつづけた憲兵の態度が、久村の心にいつまでもひっかかった。

北京大学付属病院長狙撃事件は、久村の長い特務将校としての生活の中でも、いちばん後味の悪いものだったせいもあった。

病院長狙撃の密命を久村に与えたのは茂川中佐であった。

「彼は付属病院長の身分でありながら、北京大学全体を牛耳っているボスだが、その男がきわめて強い抗日意識をもっているので、何かと困ることがおきている。大学の日本側教授団からも、その旨の陳情が再三、参謀長のところに来ている。いろいろ調査の結果、参謀長も、病院長を好ましからぬ人物と断定し、ひそかに処分したいということになったのだ」

「久村に、それをやれと言われるのですか」

「いや、そうじゃない。君がかねて、すっかり掌握したといって自慢していた二人の中国青年がいたじゃないか。そうだ、闞と金といったな。彼らにやらせてみたまえ」

意外な茂川中佐の言葉に、久村は不満の表情をあらわにした。中国人に中国人を殺させるのは余りにもむごい。特に、純真なあの二人の青年には、やらせたくなかった。

「君、支那人てのは表面、従順にみせかけていても腹の底までは分らない人種だよ。これぐらいのことをやらさせてみなくては、信用できないね」

「そうまで、おっしゃるなら、一つ、やらせてみましょう。しかし、病院長は必ずしも殺さなくてもいいのでしょう」

「再起できないようにすればいい。そのかわり、もし、成功すれば、君がかねて、あの二人の青年を日本に留学させてやりたいといっていた希望をかなえさせてやるよ」

やっと声の調子をやわらげた茂川中佐は、久村にこのような条件を切り出した。

しかし、久村の気持はもうきまっていた。病院長襲撃は命令だからやる。しかし、闞と金にはまかせず、自分の手でやろう。そして彼らには日本留学の褒美《ほうび》だけをやろうと。

だが、茂川中佐も言ったように、中国人がなかなか本心を見せない民族であることは久村も知っていた。二人の青年が、どれ位自分に心服しているかを試すだけは試してみてもいい、と考えた久村は、数日後、闞たちを訪問して、病院長に関する情報を求めた。

「第一、私は病院長の顔も知らないのだが、写真でも手に入れる方法はないだろうか」

「病院長は朝九時ごろ自動車で、小学生の娘といっしょに家を出、娘を学校へ送りとどけてから病院に行く。昼休みにも必ず自動車でいったん家へ帰ります。家は私たちのアパートの近くだからよく知っているのですが、この日課は一日として変わったことがないようです。写真よりも、この時間に待ち伏せして、直接、彼の顔を見たほうがいいでしょう」

闞は、久村の意図をたずねようともせず、気軽に答えた。

翌日、久村は、病院長の自動車が通る道に、闞と金とをともなって、待機した。久村は、ベレー帽をかぶり、パイプを斜めにくわえ、あらかじめ用意してきたカンバスを立て、付近を写生する画家をよそおった。二人の青年には、通りすがりに写生の様子を見物する通行人を装わせた。

そうして、待つこと約二十分。病院長の車が久村たちの目前を通りすぎた。

その日、闞らとともにアパートへ戻った久村は、はじめて彼らに計画を打ち明けた。

二人は、一瞬、声を呑み、またたきもせず久村の顔を直視した。久村も、じっと彼らを見かえしながら、上衣の内ポケットからピストルをとり出し、

「さ、これを受けとってくれたまえ」

と闞の手ににぎらせた。中国青年の顔には、表現しがたい複雑な表情が、交錯する影のように動いた。

「やってくれますか?」

念を押す久村の言葉に、闞の引きしまった唇がやっと開いた。

「明白了《ミンパイラ》(承知した)」

その言葉をきくと、久村は、いったん闞の掌におさめたピストルを再び、自分の手にとりもどし、不思議そうな表情を見せる闞にむかって、

「謝々《シエシエ》。明天再見《ミンテンツアイチエン》(有難う。明日また会いましょう)」

と言って、アパートを辞した。

アパートを出、車を東単の方角に向かって走らせていると、偶然にも、今朝見たばかりの病院長の自動車と行きあった。

「おい、あの車のあとを追ってくれ」

運転手に命じて病院長を追跡した久村は、付属病院の前で、車を降りた病院長に、わざと急所をはずした三発の銃弾を浴びせたのである。

謀略戦術の一つである暗殺は、もちろん、犯人が誰であるかを気取られてはならない。敵側はもちろんのこと、日本側に気づかれてもそれは、百点をもらえない。万一、憲兵が犯人を久村と気づいて様子をさぐりに来たのだとしたら、久村の手ぎわはすこぶる悪かったことになる。いったい、憲兵隊はどこまで真相をつかんでいるのか。久村は、逆に憲兵側の情報を集めた。

その結果、憲兵隊はあくまでこの事件の犯人を重慶側の中国人だとにらんでおり、久村が犯人とは夢にも考えていないことがわかった。

茂川中佐も、久村の報告どおり、狙撃者は闞青年であると信じた。闞と金、二人の中国青年はやがて日本に向かって旅立った。

二人の出発を見送った久村は、

（これでいいんだ。これでいいのだ）

自分に言い聞かせるように呟きながら、中国青年党本部の自分の部屋にもどった。

事件は、それっきり迷宮入りになるだろうと、久村は思った。ところが、奇怪なことに、それから半月ほどして、例の憲兵が久村のもとに、犯人逮捕のしらせをもってやってきた。

「なに、犯人がつかまったって?」

久村はおどろいて、椅子から体をのり出した。

憲兵は、

「苦労の末、やっと逮捕、自白させました。やっぱり、重慶側の中国人で、犯人は二人でした」

久村がなぜそんなにおどろいたのか、不思議そうな顔をしていうのだった。

久村は、誰かは知らぬが、無実の罪を背負わせられる運命におちた、二人の中国人のことを思って、暗然たる気持になった。しかし、彼らを救うために、自分が名のり出ることは、大局的見地からも許されることではない。ただ、陰ながら、二人の悲運をかなしんでやる以外にない。これも、特務工作のもつ宿命の一つなのだと、自分に言い聞かせるのであった。

刷新に力を入れた中国青年党のほうは、指導の行き過ぎだという声があがって、久村は半年後には手をひかされることになった。ひきつづいて、党の幹部四名が通敵行為という無実の嫌疑で逮捕されると、たちまち青年党は穴をあけられた風船玉のようにしぼんでしまった。

中国青年党から久村が退かざるを得なくなったのは、新民会の指し金があったからである。

新民会というのは、戦時中、日本の指導の下に作られた華北政府の補翼団体で、たとえてみれば、日本政府に対する大政翼賛会のようなものであった。

久村は、中国青年党の改革に熱心な余り、新民会は単なる教化団体にすぎず、闘争団体である中国青年党とは区別されるとの見解のもとに、新民会に対する批判を相当強硬に行なったため、新民会から「久村を葬れ！」の非難を浴びるようになった。

新民会は、日本軍のかいらいにすぎなかったので、北支方面軍司令部の中に新民会の育成を担当する課があった。この課の古手参謀たちにとっては、中野学校出の予備将校にすぎない久村が、新民会のあり方に批判の矢を放つことは、傲慢無礼なことに思えたのであろう。

折角、実りかけた中国青年党の改革が、一朝にして潰え去るのを眺めながら、久村は、またしても、特務工作の難しさを深く考えこむのであった。

ある日、久村は、茂川中佐から、東城の無量大人胡同にある中佐の公館に来るようにいわれた。約束の時間に公館を訪れると、すでに先客があった。特殊情報の機関長である日高中佐であった。

（何かあるな）

久村はとっさに感じとった。果して、日高中佐と久村を前にした茂川中佐は、

「実は、参謀長閣下から内命があった」

と単刀直入に切り出した。

「川島芳子を始末せよ、とのことだ」

思いもかけぬ内命だった。日高中佐と久村は思わず顔を見合わせた。

男装の麗人、川島芳子の名は、満州、中国はもちろん、日本でも知らぬ者はない。粛親王の第十四女として清朝の末裔たる身に生まれた彼女が、女の身でありながら、東亜の風雲に乗じて目ざましい活躍をしたことは、後年、小説や映画の素材とされたほどのものであった。しかし、彼女は毀誉褒貶《きよほうへん》のはげしい人物でもあった。男まさりの、大胆不敵な言行は誤解を招きやすいものであったし、また実際に常軌を逸することもしばしばあった。勇名、嬌名、艶名、そして悪名、汚名、ありとあらゆる評判を一身に浴びている運命のヒ

ロインともいうべき彼女であった。

「君たちも聞いてはおるだろうが、最近の川島芳子の乱行ぶりは目に余るものがあるのだ。軍司令官閣下の名を濫用して中国商人から多額の金品を詐取したり、満州国皇帝を侮辱するかと思えば、汪新政府をみだりに批判したり、傍若無人の振舞はつのるばかりである。このまま放置して、軍司令官閣下に迷惑のかかるような事態でも起これば、取り返しはつかぬ。今のうちに始末をするようにとの参謀長からの内命なのだ」

久村が内命の実行者たること、日高中佐はこれを側面から援助することを、茂川中佐は強い調子で言い渡した。

久村にとって、この命令はとりわけ感慨を催させるものであった。

川島芳子に、久村は面識があった。久村がまだ大学生であった昭和十年ごろ、彼は、一代の風雲児伊東ハンニに紹介されて川島芳子を知った。帝国ホテルのロビーで、川島芳子とはじめて会った時の印象は、いまもあざやかに久村の胸の中に残っている。この時の彼女は、伊東ハンニとともに東洋青年連盟を結成しようという目的のため、大陸から日本に帰ってきたもので、久村に会ったのも、当時山下博章先生の後を継いで、盟友綿引正三等と主宰していた日章塾に対し、東洋青年連盟への参加を勧めるのも目的の一つであった。

髪は短く切って男装こそしていたが、十才も若く見えた三十才の女ざかりの年令は、はなやかな雰囲気を身体いっぱいに匂わせていた。

　それから数年、特務将校として北京で生活することになった久村の耳には、川島芳子の言行に関するとりどりの噂がはいってきた。それらは、ほとんどが忌まわしいたぐいのものだったが、それでも、川島芳子の名をきく時、久村には、数年前、はじめて会った時の彼女のあざやかな印象が必ず思い出されるのであった。

　その彼女を、自分の手で「始末」することになろうとは――久村は運命の皮肉を感じた。

　日高中佐は、腹心の女諜者を看護婦に仕立てて、十一条胡同にある川島芳子の家に住み込ませた。麻薬中毒をはじめ、いくつかの病毒に身を犯されていた彼女は、十五分おきに注射を打たなければならないほど、健康を害していた。気持も荒みきっており、客との用談が長引いた時など、客の目の前でも平気で尻をまくって看護婦に注射を打たせた。看護婦をスパイにすれば、川島芳子の二十四時間の動静が克明に探れるわけだ。

　川島芳子の生活は、相変わらず派手なものであった。

　絶えず外出し、外泊もしばしばであった。

　西単の中国劇場には、彼女専属のボックスがあり、また、楢橋渡が経営していた北京飯店にも一室を借り切っていた。それらの場所に、いつも違った男たちと連れ立って出入りする彼女の姿は、常に人目をひいた。たまに家に居る時でも、大勢の取巻きに囲まれて女王然と振舞っていた。徹夜のパーティーがしょっちゅう開かれた。その賑やかな様子は、川島邸の目と鼻の先にある方面軍司令部からはよくうかがうことが出来た。

一見して、怪しげな人物が川島邸に出入する様子も、方面軍司令部に探知されていた。

「時局をわきまえぬ、まるで人もなげな振舞じゃないか。参謀長でなくても、この様子を知れば腹が立つ。大事件をおこさないうちに、早く始末しなくちゃいかんな」

日高中佐は、憤慨した口調で、久村に実行を迫った。満州国皇帝の肉親である彼女を、表面だって軍が追放するわけにはいかぬから、いっそ暗殺という手段で、闇にほうむってしまおうというのだ。

しかし、日高中佐から何度もしつこく迫られても、久村の気持は、彼女を殺すことだけはすまい、とはじめからきまっていた。

茂川中佐にも、久村は、

「参謀長閣下のいわれた『始末せよ』とは何を意味するのですか」

と反問し、

「それは君の裁断に任す」

という返事を得ていた。参謀長が要求したのは、もちろん暗殺であったが、久村が殺人をいやがっていることを知っている茂川としては、あからさまにそれを言うことはできなかった。それで、やむを得ず、久村の裁断に任すという含みのある返事をしたのであるが、久村は、この言葉を自分に都合のいいように解釈した。

北京から彼女を追放すれば、それで、事は足りる。あえて殺すまでもないことだ。こう考えて、久村は、川島芳子が自分から北京を逃げ出すような策をたくらんだ。

スパイを命じてある看護婦から、川島の在宅する日を教わると、久村は深夜、川島邸に忍びこみ、芳子の寝室をねらって、ピストルを射った。弾は窓ガラスを砕いて、室内に飛びこみ、まどろみかけた女主人の頭上をかすめた。はげしい銃声と、芳子のけたたましい悲鳴に、邸内の使用人や泊り客たちもみな目をさまし、時ならぬ騒ぎになった。

翌日も、またその翌日も、久村は同じことを繰り返した。

もちろん、殺害するつもりはないのだから、弾は川島芳子には命中しないように、十分注意してねらっている。久村の思惑は、この威嚇射撃に恐れをなして、川島芳子が北京の邸を引き払い、他の土地へ去ってゆくことにあった。

しかし、この思惑ははずれた。威嚇射撃が七回におよんだにもかかわらず、川島からは日本軍に保護を求めてこなかった。ある日、川島邸に住みこませてあった女諜者が久村をたずねてきた。

「芳子は案外平気なようですよ。彼女は『狙撃犯人は中共側や重慶側ではない。彼らにとって、今の私は少しも邪魔な存在ではない。いま、私を殺そうとする者があったらそれは日本軍だ』といっています。やっぱり見抜いているんですね。それから、こんどの狙撃犯人は、本気で自分を殺すつもりはないようだともいっていましたよ。それでも、邸にいてはうるさいから、明日からは北京飯店のほうに泊ることにしたそうです」

女諜者の報告に、久村は、計画が失敗したことをはっきりと悟らされた。「なんだ、そんななまぬるい手段をとりおって！」と日高中佐が苦虫をかみつぶすのが目に見えるようだ。ぐずぐずしていると、日高中佐が直接手を下して、無益な流血を見ることになるかもしれない、この上は、直接談判しかない。

数日後、久村は芳子の在室をたしかめてから、北京飯店をたずねた。

「私は久村中尉です。本日は、折入ってのご相談があってうかがいました」

長髪、背広姿で、軍人の階級を名のる見知らぬ訪問客を、芳子は何の警戒心もみせずに迎え入れた。彼女は学生時代の久村の顔を覚えていなかった。まして、先日来のピストル狙撃犯人が目前の青年だとは夢にも考えなかっただろう。

それが癖なのか、自然に、媚をふくんだ表情になると、久村に着席をすすめた。久村は数年前、帝国ホテルで会ったことがあるといって、久濶を叙す挨拶をかわし、しばらく雑談をとり交したあと、語調を改めて、用件を切り出した。

「きょう伺ったのは、陸軍将校としてではなく、あなたと面識のある者として、個人的な立場で、あなたに重大なお願いをしようと思ったからです。この私の願いは、是非、ききとどけてほしい。押しつけがましいようだが、これはあなたの生命に関することなのですから……」

芳子の表情から媚が消え、その大きいつぶらな眼はいっそう大きく見開かれて、久村の顔をじっとみつめた。

「川島さん、この北京を一時離れていただけませんか。急にこんなことをいい出して、不審がられることでしょうが、いや、聡明なあなたのことだから、理由はもうお察しになっているかもしれない。とにかく、この際、北京にとどまっておられることは、大変ご迷惑な結果を招くことになるのです」

ここまで一息にいうと、久村も言葉を切って、相手の真剣な眼を見かえした。

重苦しい沈黙がつづいた。二人とも視線をそらそうとはしない。二つの視線は、まるで真剣勝負のように、空中でするどく切り結ばれた。

緊張の数秒が長く感じられるような空気を突然破って、

「よくわかりました」

川島芳子の唇がやっと開かれた。

「あなたのおっしゃる意味は私にもよく解っています。だからこそ、私は意地でも北京を一歩も動くまいと考えていました。しかし、そんな意地を捨てて、あらためて進退を考えてみましょう」

彼女はゆっくりとソファから立ち上ると、棚のウイスキーをとり、久村にすすめた。その顔には、もうさっきの媚に似たやわらかい表情がよみがえっていた。

「久村さん、とおっしゃいましたね。あなたは憲兵さんではないでしょう」

「ええ、そうです。ですが、どうしてまた」

「私にこんな強談判をしにくるのは、憲兵さんの役割にきまっています。しかし、それにしては、ずいぶん物やわらかな感じで、タイプが違うように感じられたからです」

「私は、軍人としてではなく、個人の資格でうかがったとさっき申し上げたはずです」

「そうでしたわね」

芳子は急にはじけるような笑い声を立てた。久村もそれに合わせて笑い、彼女の注いでくれたウイスキーを一息に飲みほした。久村は、川島芳子が彼の気持をちゃんと理解してくれたことを知った。

（毀誉褒貶の多い人だが、さすがに乱世に名をなした人だけのことはある。聞きしにまさる傑物だ。使いようによっては、もっと、日本のために働いてもらえる人にちがいない。それなのに、軍から命をねらわれるようなことになるとは、彼女も皮肉な運命の星の下に生まれたものだ。たしかに、最近の彼女の言動は目に余るものがあった。しかし、それとても、彼女一人の罪ではないのではなかろうか)

久村はそんなことを考えながら、ウイスキーのグラスを重ねた。

だが、川島の乱業は少しも改められようとはしなかった。次つぎに入る彼女に関する情報は、相変わらず不吉なものばかりであった。久村はいらいらした毎日を過ごした。そんなある日、久村のもとに日高中佐から、川島芳子が突然北京を去り、大連に向かった旨の意外な連絡があった。あれから半月も経ったころである。

彼女は半月の間、最後の反抗をつづけたのだろうか。それがせめてもの彼女の意地であったのだろうか？　久村はただ暗然たる気持にならざるを得なかった。

久村はその後の川島芳子の消息を知らない。ただ終戦とともに、女奸第一号として北京刑場の露と消えたことを新聞紙上で知っただけである。

3　六条公館の謎

昭和十六年三月、久村は大尉に昇進した。

中野学校を卒業してから一年半、中国の風土にもすっかり馴れて、特務将校としての貫禄も十分についた彼は、北京の司令部の中でも注目される存在になっていた。

蒙古の山奥に追いやられた真田も、本郷大佐の肝入りで、北支那方面軍司令部直轄となるや、対蒙工作の新任務を課せられて、蒙古周辺にようやく浸透しつつあった、赤化勢力の情報収集に専念していた。

横山機関で不遇をかこっていた井田も、南京の支那派遣軍総司令部の岡田芳政参謀に救われ、新設のバンプウ機関長として独立の任務を与えられて、北支―中支を結ぶ要衝の情報収集任務についていた。

中野学校の実力は、これまで野戦第一主義でこりかたまっていた現地軍の幹部の間にもすこしずつ認められてきていた。

四月になって、川地、小池、沢山、三人の中野学校第二期生が北京に配属になった。

この三人の後輩の訓育を名目に、茂川機関を退いた久村は
「さあ、これからいっそう中野の真価を発揮しなくてはならないぞ」

と自分自身に言い聞かせた。それは、三人の後輩を迎えたためばかりでなく、もう一つの大きい理由があった。

久村が昇進したのと同時に、定期人事異動が行なわれ、司令部第二課長が更迭され、浜田大佐にかわって、新しく参謀本部第八課より本郷忠夫大佐が赴任したことだ。本郷大佐は明治の名将本郷房太郎大将の次男で、兄は義雄中将であり、また後に支那派遣軍総司令官となった岡村寧次大将とも縁つづきという陸軍でも有数の名門の人だが、秘密戦に深い理解を持ち、中野学校の創立に際しても大いに力をつくした。

騎兵科出身らしくなかなかダンディであったが、その性格は放胆なところがあり、独得の風格を備えた人物であった。久村はこの本郷大佐の力を借りて、中野学校出身者の勢力を北支の地に広く植えつけたいと願ったのである。

さいわいに、本郷大佐もまた久村の実力を高く評価し、課長補佐の役を命じて、重用した。中野学校出身の特務将校たちを存分に活躍させることについて、本郷大佐はある意味では、久村以上に深く考えていたのである。

ある日、本郷大佐は久村を食事に招き、

「実は、君には前々からひとつ忠告しようと思っていたことがあるのだ」

と意外なことを言いだした。

「前課長から引きつぎをうけた時、君のことについていろいろ聞いた。北京大学付属病院長の狙撃事件や川島芳子の北京追放など、前課長は君をなかなかのやり手だとほめていたが、おれにいわせれば、とんでもないことだ。あんなことをするのが中野学校の使命ではないことは、君自身よく知っているはずだと思う」

本郷大佐の鋭い眼に射られて、久村は思わず顔を付せた。

「もちろん、上司の命令だからやむを得なかったことは承知している。だが、君たち一期生は、今後何かにつけて中野学校出身者の模範にならなければならない身だ。君たちがあのような事件でばかり使われるようになるなら、これから大陸へやってくる中野出身者は、みな君たちと同じようなことばかりやらされるようになるだろう。そんなことになっては、折角、軍が中野学校を創立した甲斐がない」

「ご忠告ありがとうございます。私も、日ごろ、あのような事件に介入したことを恥ずかしく思っておりました」

「解っているならいいんだ。おれが君を茂川機関から引き抜いて課長補佐をやらせているのは、君にもっと大きいことをやらせたいからだ。中野学校の真価を発揮できるようなもっと次元の高い仕事を君はしなくてはいけないのだ」

久村はもう食事の手を休め、ひたすら本郷大佐の言葉に耳を傾けた。それは一つ一つ、久村の心を大きくうなずかせる言葉ばかりであった。

本郷大佐が久村に与えた具体的な命令は、北支経済封鎖の概況とその施策を研究するため、北支全域にわたって、二ヵ月余り現地調査の旅に出てみろということであった。

「かねて、おれは参謀長から『黄河流域における密輸ルートを根絶する方策』を研究するようにいわれている。この課題も含めて、北支経済の全般を徹底的に研究してもらいたいのだ。嘱託連中を使って、思う存分にやってみたまえ」

「嘱託連中を使うのですか」

「そうだ。それも君に与える課題の一つだ。あの連中を組織的に働かせる新しい機構をつくるために、壮大な構想を練ってみたまえ」

放胆な性格のゆえか、本郷大佐の周囲には、いろいろな人間がむらがり寄っていた。内地を追われた左翼教授、共産党の転向幹部、二・二六事件関係者、新聞記者くずれ、支那浪人など、一癖ある連中ばかり数十名にも達する者達が、本郷大佐の袖にすがりついていた。医者の馬島僴もその一人であった。

本郷大佐は機密費を割いて、彼らを養い、匪賊の分布情況、中共地区の実態調査、宣伝工作の研究、ゲリラ戦法に関する資料の収集などの仕事をやらせていた。しかし、彼らの中には与えられた任務を果さず、徒食する者も多かったし、本郷大佐の名を利用して、疑惑を招くような行動をする者もあった。このため、本郷大佐は司令部内でいろいろと陰口を叩かれるようになった。久村も見かねて、一度、本郷大佐に得体の知れぬ取巻き連中の処遇について進言した。

しかし、それに対して、本郷大佐は

「おれまでが彼らを見捨てたら、彼らはいったい何処に行き場所を求めるのだ。どんな人間にも使い道はある」

と言葉少なに言って、久村の進言をしりぞけた。

その時のことを思い出した久村は、「嘱託連中を使え」という本郷大佐の言葉の持つ重い意味を理解した。使いこなすのはむつかしいが、もしその処を得た使い方を発見するなら、常人以上に役に立つ働きをする者たちなのだ、と本郷大佐は言外に、教えさとしているのだろう。

久村は、思いをこめて本郷大佐に敬礼をし、部屋を出ようとした。その背に、浴びせかけるように本郷大佐の声がひびいた。

「あ、出発する前に、もう一つしておいてもらいたい仕事がある。中野学校の福本中佐に君から手紙を書いて、卒業生をもっと沢山こちらに寄越すようにいうんだ。大体、北支にたった三名しか二期生をよこさない法はあるか。いま、中野学校卒業生が本当の仕事ができるのは、満州と北支だけじゃないか。おれが引受けるから、何名でもどんどんこちらへ送りこめ、というんだ」

久村が胸の中で考えていたことを、ズバリと先に言われた感じである。これほどまでに中野学校のことを考えてくれているのか、と久村は、いまさらのように、本郷大佐の理解の深さに敬服する思いであった。

二ヵ月後、現地調査を終えて久村が北京に帰ってみると、中野二期生九名が新たに赴任してきていた。太田、吉野、前田、武田、山口、金子、吉岡、宗宮、秦野の新任少尉たちである。久村が出発前に、本郷大佐に言われたとおり東京に手紙を出しておいたのが、早くも実を結んだのである。

さらに、翌年には、第三期生が二十名と、やはり中野学校で教育された特務下士官十名が送られてき、実に四十名をこえる中野出身者が北支の地に集まることになった。

本郷大佐は、この四十数名を中心に、軍属や軍嘱託中の有能工作員や調査員数名らを配し、さらに中国人の工作員多数を加え、登録工作員数だけでも、実に三百名をこえる一大謀略諜報機関を組織した。それとともにこの機関の本拠として、六条胡同にあった元大総統の豪壮な邸宅を改修し、これを六条公館と名づけた。

以来、北支那方面軍の謀略情報担当課である第二課の施策の大部分は、この六条公館を中心として展開された。六条公館の名は、日本側、中国側ともにひびきわたった。

後に、参謀本部員であった三笠宮が北支を視察した折、大本営への報告に
「北支で見るべきものは、六条公館のみである。この特務将校の活躍と情報は信頼に価するものである」

と記した事があった。

終戦後、ここを接収した国民政府軍の湖宗南将軍は、この建物をそのまま、自分のひきいる特務部隊の本拠としたが、これも、「六条公館」の勇名にあやかろうとしたものであったろう。

もし、この六条公館がそのまま発展、成長をつづけていったなら、世界にも稀な大謀略機関が実現したかもしれない。そして、それとともに、中野学校の名も、よりいっそうかがやかしい光輝を放つことになっただろう。

しかし、運命は、六条公館の上に暗い影を投げかけた。六条公館は、その使命にふさわ

しい実績をあげたばかりにかえってみずから傷つけるという皮肉な運命をたどることになるのである。

六条公館がまず手がけたのは、北支全域にわたる情報網の整備である。それから、猖《しょう》獗《けつ》をきわめていた密輸の封鎖や、汪精衛の南京政府軍の監督指導も、ゆるがせにできぬ任務であった。だが、六条公館がもっとも力を入れたのは、重慶や延安に逆スパイを放って、国民政府側や中共側の情報をキャッチすることであった。

謀略、諜報戦の激化にともなって、重慶側や中共の密偵たちは、大胆不敵にも北京市内に潜入してくる。整備された六条公館の情報網は、彼らの懸命な擬装も容易に見破ってこれを逮捕する。逮捕した敵側の密偵たちには、あるいは金品で誘惑したり、また脅迫したり、時には、妻子を人質にとるなど、さまざまの手段を講じて、日本側の逆スパイになることを承知させる。

そして、このような逆スパイを次から次に、重慶や延安に送りこむのである。

逆スパイが発覚して殺される者もあったし、延安に着いた途端、三たび向こうへ寝返って日本側を裏切った者もあったが、逆スパイは多くの有利な情報を日本側にもたらした。失敗した例もないではなかった。

捕虜になった中共系の新四軍の司令を、逆スパイにするため、北京へ護送することになった中野二期生の某少尉が、護送の車中で日本側の女密偵と再会し、四方山話に花を咲かせているうちに、司令は疾走中の列車から飛び降り、逃亡してしまった。少尉はあやうく軍法会議にかけられるところを、仲間の嘆願で助けられたが、六条公館にしてはめずらしい失態であった。

逆スパイには、もちろん、六条公館発行のパス・ポートを持たせて、日本軍の占領地域を通過する間は、身分の安全を保証してやったのだが、しまいには、このパス・ポートで第一線の部隊から

「挙動不審の老百姓《ローバイシン》がいるので、ひっとらえてみると、六条公館のパス・ポートを持っている。二、三日して、また怪しい密偵風の中国人が、山陰を駆けぬけてゆくので捕えてみると、こいつもパス・ポートを持っている。どういうわけか知らぬが、やたらにパス・ポートを出されると、警備に当たる者としては迷惑する」と苦情が持ちこまれた。それほど多くの逆スパイを放ったわけである。

逆スパイでない普通人を利用することもあった。

北京大学の中国人教授が、私用で国民政府の高官である親戚の者に会うため重慶に行きたいという。北京・重慶間の長道中の一人旅は、日本人、中国人を問わず、危険この上ないことだ。六条公館は、この教授にパス・ポートを渡し、

「日本軍占領地はこれで絶対安全です。また非占領地でも出来るだけあなたの安全を計るために努力をします。そのかわり、途中の立ちより先からは、出来るだけこまめに六条公館あてにご連絡下さい。あなたの身の安否はこちらでも気づかっているのですから」

と、言い添えた。

教授は、日本軍の親切を感謝し、重慶への途中、筆まめに手紙を寄越した。その手紙の消印が重要な情報資料になったのである。重慶へ安全に旅行するにはどういう経路をたどるのがいいか。その経路のA地からB地までは何日かかり、B地からC地までは何時間かかるか、などということが、教授の手紙と兵要地誌を併せて検討することによってはっきり摑めるのである。

勿論、教授が二ヵ月後北京に帰って来るや、一週間にわたって、往路帰路の模様を地図を基にして、詳細に聴取しては兵要地誌を充実させる貴重な資料とした。

このように、それぞれの情報網から集まる情報をまとめてみると、意外なことがわかってきた。それは、北支の治安が、これまで軍が宣伝してきたように、安定したものでは決してないということであった。

治安が保たれているのは、わずかに、日本軍の駐屯する都市と、それらを結ぶ鉄道沿線のみ——つまり、いわゆる点と線であった。しかも、それさえも、年とともにはげしくなってくる中共のゲリラ部隊や工作員の放火、テロ、爆破などによって、しだいにおかされ損壊せしめられていた。

　このような実情を知った第二課の参謀たちが、「治安担当課はいったい何をしているんだ」と第四課の非を鳴らすようになったのも当然だろう。

　しかし、これまで、北支の治安は、全中国を通じて最も良好であると宣伝していた第四課としては、この発言はすこぶる具合の悪いことであった。

　第四課の壁には治安状況を示す大判の掛地図がこれ見よがしにぶらさがっていた。これは、赤、黄、青などで、治安の程度を色わけして示すものだが、地図の大半をしめているのは「治安良好」を示す黄色であった。この地図の手前からいっても、第四課としては、第二課の非難をそのまま放っておくわけにはいかない。

「他の課のアラを探すのが第二課の仕事なのか」

と、こんどは第四課の参謀たちが第二課を攻撃し、しまいにはとうとう、双方の課長同士が完全に対立するに至ったのである。

　第四課長は、北支那方面軍の参謀副長を兼ねていた有末精三少将であった。彼は、有末次《やどる》大佐とともに有末秀才兄弟といわれた逸材で、陸大も恩賜の軍刀組であったが、世故《せこ》にたけ、立身出世主義の性格は、もともと、本郷大佐の放胆な性格とあうわけはなかった。

本郷大佐は有末少将を嫌って、しまいには、

「あんたなんかに話してもわからぬ。おれは参謀長のところにじか談判にゆく」

といって、参謀副長としての有末少将の立場を無視するような行動にも出た。

有末少将は本郷大佐を「頭の粗雑な奴だ」とののしり、憎んだ。

両者ともに相譲らず、にくみあいは日とともに深刻になるばかりで、このまま放置すればどんな不測の事態に立ち至るかもしれなかった。

けっきょく、本郷大佐も有末少将も、現在の職を去るという形で、この争いは収拾されることになったのだが、それは、喧嘩両成敗というには、あまりに片寄った処置であった。すなわち、本郷大佐が中支方面の旅団参謀長に左遷されたのに対し、有末少将のほうは参謀本部第二部長へ栄転したのである。

有末は少将であり、本郷はそれより下の階級の大佐だから、事の善悪はともかくとして下級者が上級者に楯ついた、という観点からこの処置がとられたものであろうが、それにしても、情報を軽んじた側の有末少将が陸軍情報の大元締めの椅子に座り、治守の不備を警告した本郷大佐が治安確保を第一の任務とする第一線旅団に追われたのは、まことに皮肉な人事であった。

本郷大佐が転出した旅団は、やがてガダルカナルに送られ、彼は、この太平洋戦争中最大の激戦でついに最期を遂げた。

運命は、このように、本郷忠夫大佐（戦死して少将となる）の上に過酷であったばかりでなく、六条公館に対しても冷酷であった。

本郷大佐の転出後、第二課長の椅子に座った晴気中佐は有末少将の腹心だったから、六条公館への風当りはきわめて強かった。

「おまえたちはそれでも帝国軍人か。髪を乞食みたいにのばし、背広をでれでれと着こんで、その恰好は何事だ。帝国軍人としての誇りを持たんのか」

「われわれの仕事は、軍の威光を笠にきてするものではありません。工作は軍の威信の及ばないところにこそ必要なのです。そのためには、軍服を着ない普通の姿でいることの方が大事なのです」

「つべこべ理屈をいうな。とにかく、即刻、頭を坊主にして、軍服を着用せよ。これは上官の命令だ」

晴気中佐は六条公館へのりこむなり、大声で怒鳴りつけた。彼は、第二課から本郷色を一掃するのだと公言して、つぎつぎに、前課長の施策をこわしていった。本郷大佐の周囲にむらがっていた得体の知れない嘱託連中は、真っ先に追っ払われた。

最後まで、頭髪も刈らず、背広を捨てようとしなかった久村は、課長室に呼ばれて、

「おまえは、おれを敵だと思っているのか！」

とはげしい言葉で詰問された。

もはや説明するだけ無駄だと思った久村は、額に青筋を立てて興奮している新課長の表情をひややかな眼で眺めるだけで、あえて答えようとはしなかった。頭の毛を刈らないことでも、それはやはり命令不服従であり、軍隊ではもっとも忌むべきことであった。報いはたちまちやってきた。

昭和十八年一月、久村は参謀本部第七課転属の命令を受けた。

「おまえは、北支にいても百害あって一利ない存在だ」

という新課長の罵言とともに、久村は、一度はこの地に骨を埋めてもいいとまで思いこんだ北支の地を去らねばならなくなった。

二期生、三期生の将校たちも、やがて、つぎつぎに南方に転属させられたり、内地へ帰されたり、櫛の歯を引くように減っていった。多数の中国人の工作員が馘首され、日本人の嘱託も解嘱され、六条胡同を照していた公館の灯は、痩せ細った蠟燭のように消え細っていった。

4　開戦当日の重慶軍工作

六条公館のほかに、魯仁公館の存在も忘れるわけにはいかない。これは、昭和十六年末、北支派遣軍の直轄機関として済南に新設されたもので、機関長は久村の盟友木村義明、補佐官には中野学校第三期生の小西少尉が任ぜられた。

その主な目的とするところは、対中共工作であった。

済南を中心とした山東地区は、中国戦線の中ではもっとも複雑な情勢を示していた地区であった。日本軍、重慶軍、中共軍の三つの勢力が互いに勢力地盤を確保すべく、一進一退の攻防をくりかえしていたからである。

三つの勢力のうちで最も微弱だったのは日本軍であった。

青島にあった日本軍の旅団は、重慶軍のために何度も苦杯を喫し、多くの犠牲者を出していた。しかも、その重慶軍は本来は正規軍ではなく、山東半島の突端にある海陽を本拠とする土民軍だった。兵力六千のその土民軍のために、日本の正規旅団が手痛い目にあわされたのだから情ない話だが、土民軍はその功のために、重慶政府より「新編第六縦隊」の呼称を与えられ、正規軍に昇格を認められることになった。

日本軍にとって、新編第六縦隊は手ごわい存在だったが、新編第六縦隊にとっては別に苦手の存在があった。昭和十六年ごろから、山東地区にはげしい勢で浸透してきた中共勢力である。

重慶軍と中共軍が互いに憎みあう度合いは、日本軍に対する時よりもはげしいもので、時には、日本軍の存在を忘れて、互いに血を流しあう有様だった。新編第六縦隊が、寡兵よく日本軍に痛撃を与えることができたのは、住民たちの協力が大いにあずかって力あったのだが、住民たちを味方にひきいれようとするねらいは、民衆工作を主眼とする中共軍の常套手段であった。

新編第六縦隊は、せっかく日本軍に打ちかちながら、中共軍の民衆工作に住民を奪われしだいに窮地に追いこまれていった。住民の協力を失った上、日本軍と中共軍の圧力を腹背に受け、さらに重慶からの援兵も、武器糧食の補給もなく、新編第六縦隊の立場は苦しいものになった。連戦連敗の苦汁をなめた日本軍が、新編第六縦隊に一矢を報い、失地回復を図るべき絶好の時である。

こうした時期に、魯仁公館は六条公館の分派機関として新設されたのである。

久村も、六条公館の一室から、はるか山東の空の戦雲を、そして魯仁公館の活躍を眺めていた。

昭和十六年十一月末のある朝、久村を訪ねて、百姓姿の一人の中国人が伝氏の邸にやってきた。

久村が伝氏邸に住んでいることは極く少数の人にしか知られていない。見も知らぬ中国人がどうしてこの住まいを知っているのかといぶかりながらも部屋に招じ入れると、果して、その中国人の人相は百姓姿に似合わぬ鋭いものだった。そして、彼がさし出した名刺に印刷されているのは「新編第六縦隊参議張某」といういかめしい文字。久村はおどろいてたずねた。

「いったい、私の名前をどこでお聞きになったのか。また、この住まいをどうしてお知りになったのか。まず、それをお伺いしたい」

「私は海陽県から北京に出てきて、もう二ヵ月になります。その間私は、私たちの力になってくれそうな有力な人物を探しました。そして知り得たのが先生のお名前です。私は先生が日本軍の要職にあり、また中国に対する深い理解を持った方だと信じておたずねしたのです」

「それで、いったいご用件は何でしょうか?」

「先生ならご理解いただけると思いますが、私たち新編第六縦隊はこれまで日本軍とも戦ってきましたが、実は、私どもの本当の敵は日本軍ではなく共産軍なのです。私は日本軍とは大きい意味で手を結んで、中国の赤化防止のために努力したいと思うのです。そのためには、是非、協力して山東地区にはびこっている中共軍を追い払いたい。私がきょう先生をおたずねしたのはこの点なのです」

考えてみれば、虫のいい話だ。新編第六縦隊に散々痛めつけられた現地日本軍が聞けば青筋立てて憤慨することだろう。しかし、久村には、張参議のいっていることが必ずしも手前勝手な苦しい時の神頼みではないように思えた。張の顔には誠意があふれている。人をだまそうという顔ではない。

「よくわかりました。率直なご意見だと思います。だが、今すぐにご返事するわけにはいかない。明日午後四時、もう一度ここへ来て下さい。それまでによく検討して、出来るだけ期待に副えるご返事をするようにしましょう」

「謝々、謝々」

張は声に力をこめて礼の言葉を述べると、久村の顔をじっとみつめた。その眼にきらりと光るものがあった。

久村には張の胸の中が読みとれるようだった。海陽県から北京までの道は遠い。その間には中共軍も蟠居しているし、日本軍もひしめいている。百姓姿に身をやつして、敵のまっ只中をたった一人で突破するのは、よくよくの勇気がなければ出来ることではない。

また、久村を訪ねることにしても、万一、久村が張の言葉を信用せず、その場で張を捕えようとすれば、それを防ぐ手段はない。みずから虎口に飛びこむようなものだ。

生命を賭した者でなければ出来ないことだ。それだけに、久村の理解のある態度が張にはうれしかったのだろう。お辞儀して去ってゆく張の後ろ姿を久村は、立ったまま見おくりつづけた。

張が帰ったあと、久村は司令部へ出かけ、本郷課長に委細を話した。

「現地軍との了解さえつけば、出来るだけの援助をしてやっていいだろう」

課長も久村の話をよく理解してくれた。

早速、済南の軍司令部へ電話すると、電話口に出たのは、日ごろから久村のよき理解者である三品参謀だった。

「新編第六縦隊から和議を申し入れてきたのですが、現地軍の意向を知りたいのです」

「和議の申し入れですって？　もちろん条件づきでしょうな」

「ええ、兵器を補充してほしいというのが条件です。よっぽど中共軍にてこずっているらしいです」

「われわれのほうには余分な武器弾薬はありませんよ」

「いや、兵器類はこちらの総司令部のほうで都合します」

「それならいいんですが、今、担当参謀が出張中なので、ちょっと即答はできかねます。それにしても、第六縦隊というのは青島の旅団が相当やられたぐらいで、手ごわい連中なんですが、よく和議を申し込んできたもんですね。張参議ですか？　ええ、知っていますよ。兵術教官を兼ねたなかなかの人物だそうですよ」

「和議の交渉には、私がそちらに出向いてもいいと思っていますので、魯仁公館の木村嘱託にもこの旨を伝えて下さい」

三品参謀との話しあいも順調におわった。

翌日午後、再び伝氏邸にたずねてきた張に、久村は、本郷課長や三品参議の言葉を伝えた。張は率直に喜びの表情をあらわし、ただちに和議交渉の準備のため海陽県へ帰っていった。久村もそのあとを追うように、済南にむかった。

済南軍司令官は土橋一次中将であった。久村が世田谷の陸軍自動車学校に在学していたころの校長である。また、久村の原隊当時の戦友手島の義父に当たる人でもある。そんな関係もあって、司令部で久村は特別の歓待を受け、また、第六縦隊との交渉に出かけるのに護衛部隊もつけてやろうという好意ある配慮もうけた。

しかし久村は、

「張参議も単身で私をたずねてきた。私が大袈裟な護衛部隊をつけて行ったりしたら物笑いになる」

といって、これを断わり、盟友の木村義明のほかには案内役として、かつて日本軍が海陽を占領していた当時の、海陽特務機関員三名をともなっただけで、済南を出発した。

途中、青島で、張嵐峰軍から通訳として借りた祭少将を加えて六人の一行は、済南を出てから三日目に海陽県に到着した。

かつて、一度は日本軍が占領した町ではあったが、今では城内に日本兵の姿は一人もなく、城壁には「打倒日寇」「徹底抗日」などと大書された反日宣伝のビラがべたべたと貼られてあった。久村たちに向ける住民の目も白かった。一行は、城内にはいると、すぐ武装騎馬隊にとり囲まれ、その護術のもとに宿舎までみちびかれた。

暗い油灯のともったその部屋は、以前、日本の特務機関が使っていたもので、床の間の置きものや湯殿の桶まで、当時のままにしてあった。そんな部屋をわざわざ一行の宿舎に選ぶとは、皮肉なのか、悪意なのか、久村はふと不吉なものを感じた。

張参議も何故か宿舎に顔を見せようとせず、一行はその晩、ただ放っておかれた。

夜食もすこぶる簡単なものが出されただけだった。炭火のみがカンカンとおこっていたので、寒さだけは感ぜずに済んだが、さして広くない部屋に閉じこめられて一晩をすごした久村は、炭火から出る一酸化炭素で中毒症状をおこし、人事不省におちいってしまった。意気込んで乗りこんできた久村にとっては思いもかけぬつめたいあしらいだった。

　久村はまる一日病床に寝た。

　新編第六縦隊の軍長秦玉堂と相まみえることになったのは翌日の夜である。土民軍をひきいて、日本軍を打ち破り、住民たちから偉大な指導者として仰がれている人物を眼のあたりに見ることに、久村は内心いろいろの期待を持った。

　果して、秦軍長は年令五十歳ぐらい、大兵肥満の堂々たる体格で、見るからに威厳と温容を兼ねそなえた風貌であった。

　中華料理の正餐と、豊醇な酒とで、まず盛大な夜宴が張られ、それが終わったあと、軍長の宿舎において、いよいよ和議の交渉が行なわれることになった。この時、久村たち一行が海陽に到着したはじめ、意外につめたい扱いを受けた理由が明らかにされた。

　日本軍と新編第六縦隊との間に和議交渉が行なわれたのは、実は今度がはじめてではない。今までにも日本軍からの申し入れで数回和議交渉が行なわれたことがある。だが、それらはみな話はまとまらなかった。日本軍ははじめは武器弾薬の提供など甘い餌を示して交渉にかかるのだが、最後になると、平然と、はじめの約束を裏切ってしまうからだった。これらの誠意のないやり口をしたのは、特務機関の連中だった。新編第六縦隊の首脳部は日本軍の特務機関に対して大きい不信の念を抱いた。

それで、現地の日本軍を相手にせず、張参議が単身北京へのりこむという危険を冒してまで方面軍司令部と直接の和議交渉をしようということになったのだった。ところが、久村たち一行が海陽に来たのを出迎えてみると、一行の中に三名も現地の特務機関員がまじっている。第六縦隊は

「やっぱりこんども、特務機関の誠意のないやり方であしらわれるのか」

と失望した。そのために、久村たち一行をつめたく扱うことになったのだが、様子を調べてみると、特務機関員たちは単なる道案内として同行してきただけだということがわった。

そこで、秦軍長たちは誤解を解き、久村たちを丁重にもてなして、誠意をもって、和議交渉を行なうことにしたのだという。

このように事情がわかってみると、お互いに話のわかりも早く、交渉は順調に運び、次のような条件がきめられた。

一、秦軍長は、部下六千を率いて、爾今、日本軍と和睦するとともに、重慶政権とは一切のきずなを断つ。

二、日本軍も、新編第六縦隊もともに相提携して反共戦に邁進する。
三、両軍は、それぞれ連絡所を青島と海陽に設けて、共同作戦遂行上遺憾なきを期す。
四、日本軍は、銃二千挺および必要量の弾薬を秦部隊に補充する。この兵器の授受は青島にておこなうものとす。
五、秦部隊の所属に関しては、汪政権の和平軍として再編成することを前提とし、細部に関しては、改めて新政権側と日本側との三者で後日協議する。

このような条件が決定したあと、秦軍長は久村の手をとって、

「はじめはつまらぬ誤解をして、ほんとうに申訳ありませんでした。今の話しあいに際しての、あなたの誠意ある態度に敬服します。今後、われわれはあなたを全面的に信頼して、交渉を進めたいと思います。反共のために、日本軍と手を結ぶことさえできれば、私たちの部隊の将来の所属も、あなたに一任してよろしいです」

率直な意見を述べた。久村も力強く軍長の手をにぎりかえした。

翌日、軍長の提案で、秦軍長、祭少将、久村、そして木村の四人は義兄弟の契りを結ぶことになり、中国の古来からのしきたりにのっとって、おごそかな儀式を行なった。儀式のあと、軍長は左手にはめていた大きい翡翠の指輪をはずすと、四つに砕き、その一つずつを四人が死ぬまで肌身はなさず持つことを約した。そのあと、久村は、秦軍長の叔父と

いう人物に紹介された。

「叔父は新編第五縦隊の参議で、重慶軍の中将の肩書を持っています」

と軍長はいった。新編第五縦隊は山東の最精鋭部隊として、部下一万三千を擁し日本軍の間にもおそれられていた。第六縦隊ばかりでなく、この第五縦隊とも手を結ぶことができたら——久村は胸の中ですばやく思いをめぐらしながら、訊ねてみた。

「今回の和議についてはどうお考えになりますか」

「もちろん、私は秦軍長から事前に相談をうけたのですが、即座にいいことだと了承しました」

中将の答えも、久村の胸のうちをうかがうように慎重だったが、言外に、条件によっては第五縦隊もまた日本軍と提携してもいいという気持があらわれているようだった。久村は、第六縦隊との和議条件決定と、第五縦隊への打診とを二つの土産として青島へ帰ることになった。

久村たち一行が無事青島に帰りついたのは昭和十六年十二月八日、奇しくも、太平洋戦争開戦の当日であった。真珠湾奇襲大成功の報に湧き立つ最中の司令部に、久村がもたらした新編第六縦隊との和議成立の報告は、司令部の喜びをいっそうあおり立てるものであった。

「重慶政権は、中国人の軍隊からも見離されたんだ。蔣介石が手をあげるのももうすぐだ。中国大陸の和平が確保されたら、全力をあげて、太平洋戦線で米英と戦えるぞ!」

意気軒昂に叫ぶ参謀もいた。

久村は大任を無事果し終えたすがすがしい気持で北京に帰った。だが、この和議工作は思いもかけぬ不幸な結果になった。

北京に帰った久村は直ちに、約束の武器弾薬を調達し、済南に送りつける手筈もととのえたが、たまたま、参謀本部への転勤命令を受けたため、最後まで見届けることが出来ず、北京を去って、東京に転任していった。

不幸な事態はそのあとで起こった。

北京から武器弾薬を送付された青島の旅団長は、故意に引き渡しを延期し、数ヵ月経ったある日、初めて秦軍に対し、武器弾薬を引渡すから全部隊を率いて青島に来るようにと通達した。秦中将はもちろん約束を信じて、青島にやってきた。すると、日本軍は六千の秦軍をとり囲み、銃をつきつけて全員武装解除をしてしまった。

まったくの背信行為である。これまで何度も戦闘で打ち負かされ、手痛い目に会ってきた青島旅団長としては、この際、積年の恨みをはらそうと思ったのだろう。しかし、和議の約束で呼びよせ、油断しているところをいきなり武装解除するとは、卑劣きわまりない背信行為というほかない。

　哀れをとどめたのは秦玉堂将軍である。六千の部下を一挙に失い、自分は済南商工会議所に名だけの椅子を一つ与えられ、まずしい生活を送らされることになった。

　この事件は、現地の中国人たちに、根づよい日本軍への不信感をうえつけることになった。山東方面の治安が終戦に至るまでおさまらず、日本軍が多くの犠牲を払わなければならなかったのもそのせいである。

　久村は参謀本部でこのことを聞き、非憤したが、すでにどうにもならなかった。


　かえりみれば、昭和十四年秋、中野学校がはじめての卒業生十八名を、校門から巣立たせて以来、早くも三年半の歳月が流れている。しかも、その間、太平洋戦争の勃発という未曾有の事態にも遇い、平時の十年、二十年にも匹敵するほど、緊迫と変化の度が激しかった歳月であった。

　世界各国の特務工作が、長年月に亘り組織と訓練と多量の要員を完備して世界中に活躍しているのに比べ、日本は漸やく久村等十八名に対して基礎訓練をしただけで、初めて彼等を世界の桧舞台に送り込んだに過ぎなかった。しかも、特務工作に対する指揮中枢の確立もなく、ただ場当りに、個人的活躍の成果を期待するばかりであった。それだけに、久村等一期生の使命は、重大でもあった。

彼等は、先ず外敵に当たる以前に、中央は勿論の事、殊に現地軍の無理解と闘わねばならなかった。それ故に、中野学校設立の意義も、我が国特務工作の組織の確立とその成果も、一に十八名の一期生自らが開拓すべき使命を背負わねばならなかったのである。

久村等が、この三年有半の間に味わった辛苦は、彼等自身が予想だにしなかった程、大きいものであった。まず、軍組織と云う固定化した因習の中に、異色分子として割り込んで来た彼等に対する、冷やかな好奇の眼と、継っ子扱いにしたがる組織的抵抗を体験させられた。上司に個人的理解者を得た場合ですら、周囲のシットや冷やかな傍観者の視線を避ける事が出来ない有様であり、ましてや、理解者を得なかった場合は、想像に絶する程の精神的辛苦を味わねばならなかった。真田の如きはまさに第一の被害者であった。これが、選ばれた誇り高き特務戦士として、胸ふくらませて巣立ったはずの一期生が当面した現実であった。

この内面的辛苦は、祖国のために外敵に当たる、安心立命の境地に数倍する程の忍耐と達観と勇気とが必要であった。この内敵攻略の妙手は、唯自ら開拓して積み上げて行く真価の実績以外にはないのである。この実績こそ、第一期生の使命であり、中野学校制度を確立し、後に続く卒業生を組織化し得る原動力でなければならない。中野学校は、第一期生によって確立されたと、後日喧伝されるに至ったのは、彼等がその重責を認識し、実践し開拓し得たからであろう。

「よくやって来たものだ」

一日の勤務を終えて、宿舎でぼんやりと憩いの時間を過ごす時、久村はふっと、すぎてきた中国大陸での三年半をふりかえって、そうつぶやく。

そんな時、必ず思いおこされるのは、同期生たちの消息であった。世界中に散っていった十七名の同期生たちは、いったいこの三年半をどのように過ごしたことだろうか。

あるいは新聞記者になり、あるいは商社員をよそおい、また外交官を名のって、世界各国に散っていった一期生たちが、昭和十六年十二月八日を中にはさんでの三年半の歳月をどのように過ごしたかは、中野学校史のかがやかしい第一章となるべきものであった。

丸山は、神戸の英国領事館焼き打ち未遂事件によって、ジャワへ飛ばされたが、同地において、領事館員として偽装勤務をしながら、情報活動を行ない、太平洋戦争の開戦に備えた。

開戦と同時に、現地在住の日本人たちはオランダ軍によって、スカブミに抑留されたが、丸山はこの中にまじり、抑留邦人たちを力づけるとともに、軍と秘密連絡をとって、邦人の救出運動に力をつくした。

昭和十七年三月、ジャワに進攻した第二師団はバンドンを占領し、スカブミの抑留邦人たちはやっと救出されてバンドンに送られた。バンドン市内目抜きの大通りにある白人クラブ「コンコルディア」は、日本軍の手で接収され、特務機関が開設された。

抑留邦人たちと行を共にしてバンドンにやってきた丸山は、まずこの特務機関を訪れたが思いがけなく、そこに中野学校第二期生の柳川、土屋の両中尉の姿を見ておどろき、三人は抱きあって、健在を祝すという感激的シーンが展開された。

柳川、土屋らは卒業後第二師団に配属され、占領地域で特務機関を開設する目的をもって、部隊とともにジャワ進攻の戦いをつづけてここまでやってきたものであった。

いったんバタビアに帰って軍司令部勤務となった丸山は、やがて柳川らとともに、治一六〇二部隊参謀部別班という名で特務機関をつくり、本格的な活動をはじめた。

現地版中野学校ともいうべきインドネシア特殊要員教育隊の設立。インドネシアの郷土防衛軍であるジャワ防衛義勇軍の設立など、丸山ら中野学校出身者が果した仕事は大きかった（スカルノ元大統領及現大統領スハルト氏二人共その時の教え子である）。

南方組のもう一人は境野である。彼は昭和十六年十月、大南公司社員という触れこみで、バンコクに飛んだ。

すでに一ヵ月前の九月六日、御前会議は「自存自衛のため、対米英蘭戦争も辞せず」と決意を固め、参謀本部でも、第二部第八課の立案による南方工作機関を編成して、来るべき日に備えていた。この機関は第八課の藤原岩市少佐を長とするもので、藤原機関またはF機関と呼ばれた。境野は二期生の米村弘、瀬川清の両中尉、特務下士官の滝村正己軍曹の三名の中野学校出身者とともに、機関員を命ぜられ、南方に飛ぶことになったのである。

大南公司は、昭和通商、芝洋行などとともに、バンコクに出張所を持って、鉱山、松油、タンニン剤などの買い付けをしていた民間商社である。瀬川中尉は、境野と同じく商社員（三菱商事）を装い、童顔の米村中尉はタイランド・ホテルのボーイとして、バンコクにおもむいた。

境野はバンコクからシンゴラに行き、スマトラに在住二十年、スマトラの生神様と呼ばれた増淵佐平と連絡をとって、開戦前の地下工作を行なった。インド独立連盟（ＩＩＬ）を助けて、マライ方面のインド人の反英、独立気運を燃え上がらせ、またマライ人や華僑たちの一部によって組織されている反英団体にも働きかけて、イギリスの圧迫勢力に対する反抗を表面化するなどの工作である。

さらに、開戦になってからは、タイピン方面の戦線をかけ回り、投降インド兵を収容して、彼らに民族独立を説き、その反英気分を濃厚ならしめる工作に挺身した。

この間、瀬川中尉はコタバル南方地区での激戦に参加し、中野学校出身者としては、最初の犠牲者となった。

米村中尉は、マライのハリマオ（虎）といわれた谷豊を指導して、ハリマオおよびその部下たちにめざましい活躍をさせた。

三人とも、中野学校出身の秘密戦士として、遺憾ない働きを示したわけだが、境野はこの働きを認められて、外地に派遣された一期生の中では、駐米派遣組の牧野に次いでもっとも早く東京に呼びもどされることになった。帰国後、境野は母校中野学校で、教官として後進の指導に当たっていた。丸山とともに神戸事件に連座した亀田は、外務省官吏として、三年間、アフガニスタンに駐在し、中東の微妙な国際情勢を観察してきた。

渡は、ハルピン特務機関からチタ総領事館員となり、さらにドイツ公使館員に転じた。たまたま、昭和十六年六月二十二日の独ソ開戦に遭遇するや、自動車の運転手に化けて、得意の語学を駆使して、或は民心の動向や中立外交公館の動静を探る等の活躍をした。なかんずく、日本が太平洋戦争に突入するや、ハルピン特務機関が土井少将を長として新設され、その補佐官として、白系ロシア人、ユダヤ人を駆使して対英米情報工作に抜群の手腕を発揮して所謂「ハルピン情報」の真価を高めた。

猪山は満州にあって、将来に備える目的を以て各地の特務機関に関係して中野学校の組織作りに奔走した。

駐米大使館付になってアメリカへ渡った牧野は、太平洋戦争の開戦によって、交換船で帰国することになり、十二名の中では一番早く東京に戻ってきた。帰国後はずっと参謀本部欧米課で情報勤務をしていた。

越田は、上海の宇都宮少将の下で、補佐官として、特殊情報を担当した。ことに対ソ情報に関しては上司の信頼が厚かった。

ドイツの宮川、パレンバンの防諜班長大木、仏印の機関長境野、日本軍人として最初の印度工作員となって印度に潜入して、太平洋戦争に備えて印度独立の基礎工作をした阿川、ニューギニアで土人宣撫工作の新田、チモール島で、濠洲への進攻ルート開拓に成果をあげて賞詞を貰った山田など、いずれもその一つ一つがドラマチックな活躍をしながら、未開の特務工作戦史を綴って来たのである。

たった一人、岡だけが病気のために脱落し、かがやかしい第一章を飾るべき何の功績も残さなかったことが、久村には残念なことに思われた。

第三章　謀略の果て

1　Q少佐の悲劇

このように、第一章を飾るにふさわしいめざましい活躍をした一期生たちの大半が、久村の参謀本部転属をきっかけにしたように、外地勤務を免ぜられて、ぞくぞくと東京に帰ってきたのは何かの因縁であろうか。参謀本部勤務を命ぜられた者、陸軍省に転属させられた者、母校中野学校の教官になった者等、さまざまな辞令をうけて帰国し、久しぶりの勢揃いをした一期生の顔触れは、久村、真田、井田、丸山、亀田、渡、猪山、牧野、越田、阿川、須山、杉山の十二名であった。みなそろって陸軍少佐に昇進していた。

それぞれの任地において、予期以上の活躍をした一期生たちは、内地に帰ってもまた、目ざましい存在であった。彼らは、それぞれの任務に対してその持てる能力を十二分に発揮して、多大の信頼と賞讃をかち得た。創立当時、中野学校を白眼視した参謀本部内の一部の人たちも、中野学校の実力を認めないわけにはいかなかった。

一期生たちは、顔を合わせるたびに、（今後ともしっかりやってゆこうぜ）と言葉に出していわないまでも、暗黙のうちに、互いに励ましあい、自戒しあうようになっていた。

だが、運命の神はいたずら好きだ。このような一期生たちの間に、突然、一つの不幸なエピソードが投げこまれた。それは、あまりにも深刻な事件であった。

エピソードの主人公の名は、あえて伏せておきたい。かりにQとしよう。

Qは十八名の一期生たちの中では、もともと特殊な存在であった。中野学校の一期生として全国から集められた者は、みな幹部候補生出身者ばかりだと、先に記したが、たった一人、Qだけが例外で陸軍士官学校に学んだ経歴を持っていたからだ。

Qの不幸は陸士在学時代にはじまった。彼は三笠宮と同期で成績もなかなか優秀だったのだが、複雑な恋愛事件をひきおこし、それが原因になって、陸士を中退しなければならなくなった。その後、Qは満州国軍にはいり、中堅将校として、満州国軍の育成に努力した。もともと有能な人物だったから、満州国軍での働きぶりはたちまち幹部の注目するところとなった。

Qの才幹を惜しんだ関東軍は、たまたま中野学校創設のことを聞いて、関東軍の推せんという形で、Qを中野学校に送りこんだ。彼は、追われるように去っていった東京の土をこうして再び踏むことになったのである。

中野学校での成績もQは優秀だった。それにもかかわらず、卒業後、任地を割り当てる時、Qが命ぜられたのは、もっとも条件の悪いところだった。陸士当時の恋愛事件の尾が引いていた上に、彼は中野学校在学時代にも、ちょっとした恋愛事件をまたも起こしてしまったからである。

ふたたび、東京を去ったQは、母国をはるかにへだてた僻遠の任地で、大きい野心を起こした。陸士時代のQの同期生の中には、すでに陸大に入った者もいた。

陸士の飯を食ったQだけに、陸大への野望を再燃させたのであろう。

負けん気の強いQは「よし、おれも陸大にはいってみせるぞ」と唇を噛みしめて決意を固めたのである。

彼は猛勉強を開始した。だが、この野望こそ、世間を知らぬ子供っぽい考えであった。軍の内部もまた人事の面などでは、俗世間と変わりはなかったのである。

ある日、Qは久村の訪問を受けた。二人は日ごろから親しい仲ではあったが、それにしても唐突な訪問であった。Qが久村にいぶかしげな眼を向けると、久村は言いにくそうな表情で、

「貴様は陸大受験をねらって勉強しているそうだな」

「うん、よく知っているな」

「実は、支那課長からの伝言なんだが、そんな勉強は無駄だからよせというんだ」

「なんだと！」

思わず気色ばむQに、久村は静かに言葉をつづけた。

「貴様は軍の内情を知らん。こと人事に関しては軍も一般社会とは変わらんのだ。一度、罪を犯した者には、前科者の烙印を押して、容易に仲間入りをさせない一般社会の常識は、残念ながら軍にもあてはまるのだ。貴様が陸士を、それも余り名誉でない事件が原因で中退したことは、もう拭いきれない汚点になっている。陸大のかがやかしい伝統は、過去にちょっとしたキズのある人物でも、冷酷に拒絶してしまうのだ。貴様が、かりに入学試験で一番の成績を上げても、おそらく陸大入学は認めてもらえんだろうと、支那課長はいっている。おれもそう思う。

貴様には気の毒だが、これは事実だ。な、Q。分ってくれるな。よし、それなら、陸大受験など諦めて、おれたちといっしょに、中野学校一期生として今後も進んでくれ。おれたちの間だけが差別のない同志の仲間じゃないか。Q、わかるな、おれたちといっしょに国難を切りひらく道を進もう」

Qの頭はしだいに深く垂れた。それは、慟哭しているようでもあり、久村の友情に感動しているようでもあった。Qが明るい笑顔をとり戻したのは、それから間もなくのことである。

だが、やはり、執念の如く狂気じみた猛勉強を続けて来た陸大受験を諦めたことは、よほどの衝撃をQに与えたのであろう。一度は明るくなったQの笑顔にいつとなく、暗い影がさすようになった。

「Qの奴、このごろどうかしているんじゃないか」

一期生たちがQのことを心配してこんなささやきをかわすころ、いまわしい事件が起きた。前線への派遣命令を受けて出発しようとした軍属の一行が、申告のため大本営に集合した際、その中の一人の軍刀をQはひそかに盗んだのである。精神に異常を来した者の所業という以外なかった。

関係者たちは驚愕し、狼狽した。軍の上層部は早速協議した結果、南方戦線でのもっとも激戦地へQを赴任させることにした。いわゆる懲罰人事であるが、見方によれば、軍法会議にかけられ、犯罪者として処刑されるよりは罪一等を減じられたものともいえる。

だが、この処置に対して、真っ向から反対したのが、久村たち一期生の全員であった。

かつて、久村たちは、北支派遣軍司令部で、本郷第二課長が有末第四課長と争って、懲罰人事で前線へ飛ばされた時、不明朗な人事として強い衝撃を受けている。これほど、前線将兵を愚弄した話はない。いってみれば、それは祖国のために命を賭して闘っている第一線の戦場を、刑務所の代用品にすることではないか。戦場の神聖と前線将兵の士気にも関係することだ。

　懲罰人事は、絶対に改めさせねばならない軍の弊風の一つだと、久村たちは固い信念を抱いていたのだ。その信念の筋は通さなくてはならない。

　久村たちは陸軍省に、Qの懲罰人事を撤回し、直ちにQを軍法会議にかけて処断するよう嘆願した。だが、陸軍省がQに対してこのような処置をとったのは、必ずしもQのためだけを思ってのことではなく、かりにも大本営の陸軍少佐の階級にある者が、しかも大本営の中で破廉恥罪を犯したという事実が、軍法会議を開くことによって、世間に知れわたり、ひいては軍全体の威信を失墜することを危惧したからでもあった。つまり、大本営の面子《めんつ》を考えたのである。

　したがって、久村たちの請願が容れられるはずはなかった。久村たちはとうとう最後の手段に出ることにした。一期生たちはQを呼び、

「貴様はのこのこと前線へ出てゆく気か」と問いつめた。

「たとえ命令であろうと、おれたちがそれは許さん」

「どうしたら良いか教えて呉れ」

　Qは処置なしといった表情で皆を見回した。

「腹を切ってくれ。見事に腹を切って、いさぎよく罪をつぐなうほか道はないと思う」

同期生たちの深刻な表情とはげしい気魄《きはく》にQは力なく頭を垂れた。

「みんなに心配かけて済まん。おれもそうした方がいいんじゃないかと考えていた。貴様たちからそういわれて、決心がついたよ」

こういって、Qは帰っていったが、その夜おそく、彼は久村の宿舎をたずねてきた。

「切腹の正式な作法を教えてくれ」

「ばかッ！　死ぬのに作法も何もいらない。床柱に軍刀を逆さに支え、それに向かって気合と共に腹を思いきりぶち当てろ。死ぬ覚悟と勇気があれば、どんなことをしても死ねるんだ」

強く云い切った久村ではあったが、痛ましいQの立場を救う道はないものかと、黙念として それ以上口をつぐんでしまった。

翌日久村は参謀演習参加のため、埼玉地方へ出張する事になっていた。

彼はQのことが気がかりで、演習に出かける前に、参謀本部第七課に勤務している三期生の斎藤中尉を呼び、Qの家の近くで様子を見ているように依頼した。特にQの気合いの声が聞こえたら、直ぐ飛び込んで病院にかつぎ込むようにと念を押すことを忘れなかった。果して、久村が演習から帰ってみると、斎藤が飛んで来て報告した。Qが腹を切って自殺をはかったと同時に、すぐ病院に運びこんで手当てをしたので、どうやら一命はとりとめるらしいとのことであった。

久村は、思惑どおりに事態が進展したことに内心ホッとした。これで、Qも罪のつぐないを一応したとみるべきだろう。軍も懲罰人事を撤回するだろう。あとは、Qが病院で、肉体の傷ばかりでなく、精神の病もすっかり癒やし、仲間のもとに戻ってくることを祈るだけだ。

しかし、この期待はむなしくはずれた。

「自分で腹を切ろうというやつに、麻酔なぞしてやる必要はない」

と軍隊らしい荒っぽい論理で、消毒のための開腹手術を麻酔なしでされたQは、あまりの苦痛に耐えかねて、ついに、精神の歯車を狂わしてしまったのであろう。昼も夜も、将校らしからぬあらぬ事を、わざとらしく大声で口走り、軍医や看護婦たちの顰蹙《ひんしゅく》を買った。見舞いがてら様子を見に行った一期生たちも
「あの有様じゃあどうしようもない。ほおっておけばQばかりでなく中野学校の恥さらしになるばかりだ。何とかしなくてはならん」

と口ぐちに嘆息を洩らした。

「腹を切りそこなったのがそもそもいけないんだ。こんどこそ立派に死なせてやろうじゃないか。それがQのためにも一番いいことだ」

誰が言い出したのか、一期生たちの相談の結果は、Qに今度こそ本当に自決の機会をつくってやることになった。久村たち八人の者が、Qの収容されている病院に忍びこんだのは、その日の真夜中のことである。八人の者は、まだ歩くこともできぬQを奪取して、Qの家へ連れて帰った。

Qが入院して以来、無人となったその家は、かびくさく、陰気な空気がただよっていた。

がらんとした座敷の中央に床を延べてQを寝かせ、そのまくら元のまわりを八人の同期生たちがとりまいた。

「おれたちが何故貴様をこうして家へ連れてきたか、わかっているだろうな」

「うん、覚悟はしている。おれも軍人だ。めめしいことはいわん。しかし……」

と既に観念したQはちょっと言い淀んだ。

「しかし、何だ?」

「おれは二度と仕損じたくない。しかし、いまのおれは体力、気力とも衰えている。最後まで自分の力だけでやり通せるかどうか、はずかしいが自信がない。済まんが、誰か介錯をしてくれないか」

蒼白な顔をもたげるようにして、Qは同期生たちを見まわした。誰も答える者がない。

「たのむ」

Qの悲痛な声がふたたびしたが、その顔はまさに悟り切った聖者の相であった。

「よし」

一人が眼をそむけながらQの頸動脈を切った。吹き出る血潮の中でQは眠るが如く、安らかに昇天した。途端に遺骸にとりすがった一期生たちは、ワッと声を挙げて泣いた。ただ訳もなく男なきに泣いた。

久村が一同を代表して、第七課長晴気慶胤（久村達の後を追うが如く、間もなく北京から参謀本部第七課長となり、再び久村の直属上官となった）の自宅に、Qの死を報告に行ったのは、それから約一時間後、午前三時すぎのことであった。

Qの遺骸は手厚く葬られることになった。参謀総長の花輪までが霊前に飾られたのを見て、Qの介錯をした同期生たちの胸には複雑な感慨がわいた。

2 本土決戦目前のクーデター計画

昭和十九年二月二十六日、東京は、八年前の二・二六事件の時と同じように、満目、白凱々の雪景色であった。昨夜から降りはじめた牡丹雪は、一夜にして、尺余につもり、家並や道を埋めつくして、まだ止まず、霏々《ひひ》として降りつづけていた。

日ごろでも人通りの少ない麴町のあたりは雪のために、白昼からまるで深夜のように静まりかえっていた。電車通りから道を折れて中へはいると、大きい門構えの屋敷がつづく邸宅街で、静寂はいっそう深まった。

その静寂を破って、十二の黒い人影が、とある一軒の門の中に吸いこまれるように消えていったのは、正午を少しまわったころのことであった。

十二の人影――それは、久村たち、在京の中野学校一期生全員十一名と、彼らのかつての師である伊藤佐又退役少佐であった。神戸事件の罪を問われて、予備役に編入された伊藤少佐は、その後、京都に隠棲し、私塾を開いて独特の精神教育につとめているのだが、その日は、久村たちの集まりに加わるため、特に上京してきたものであった。

十二の人影を呑みこんだ屋敷の門柱には、山下寓と小さな標札がかかっていた。

久村の恩師で、日章塾の主宰者であった故日大教授山下博章の邸であった。日章塾は、かつて二・二六事件に際して、牧野伸顕伯爵を湯河原に襲った一隊の中に、塾生綿引正三が加わっていたことから、一般にも名前を知られるようになった学生塾である。

時は奇しくも二月二十六日、集まる者は、在京の中野学校一期生全員と英国領事館襲撃事件の首謀者、集まる場所は二・二六ゆかりの日章塾――道具立てはあまりにも揃いすぎているといわねばなるまい。

もしこの集まりを治安当局が事前に察知したら、その目的を大いにいぶかしんだにちがいない。果して、この日集まった十二名の目的は、「国家危急の現状勢下における国内問題と救国運動の具体的討議」を行なうことであった。言葉を変えていえば、「中野学校版昭和維新」の共同謀議であった。

終日、十二名は、倦むことなく、熱心に討議をつづけた。

「盧溝橋事件からもう足かけ八年になるというのに、平和の曙光を望めるどころか、国民は戦争の泥沼にひきずりこまれて、年とともに大きい犠牲を強いられるばかりではないか」

「真珠湾などの緒戦の勝利も一朝の夢でしかなかった。軍の首脳はいたずらな権力争いに終始して、戦争の正しい指導を誤り、気がついた時にはミッドウェー以来の敗戦につぐ敗戦だ」

「国民はしだいに戦意を失いつつある。それというのも、軍の独善が原因だ」

「軍の首脳たちは、勝っている時には、戦争はおれたちで勝ってみせると豪語しながら負けてくると、国民よ奮起せよと、責任を押しつけるような態度を示す。これでは、国民が軍を信頼するわけにはいかない」

誰も彼も、口をそろえて、政府の独善、軍の横暴を指摘して、慷慨した。一座の空気はしだいに白熱していった。

一同の非難のホコ先は、自然に、東条首相の行状に集中された。つい、四、五日前、東条はみずから参謀総長に就任した。これで、首相、陸相、軍需相、参謀総長と四つの要職を一人占めにして、ますます独裁体制を固めたわけだ。ごうごうたる世間の非難に、なんら反省の色もなく、いたずらに強権を振りまわそうとする、いかにも東条らしいやり方だった。

一期生たちが、同期生Qの命を犠牲にさせてまでも反対した「懲罰人事」も、その張本人は他ならぬ東条であった。竹ヤリ作戦を非難した新聞記者や、生産力の面から戦局の悲観的見とおしを述べた逓信省の役人などを、東条はツルの一声で召集し、二等兵として前線に送ろうとした。「徴兵」ではなく「懲兵」であった。

一国の首相みずからこんなバカげたことをやっていて戦争に勝てるはずがない、とかねてから久村たちは憤慨していたのだが、その東条が四職を兼ねてなお、政権の座にいすわろうという状勢にはもはや我慢ならなかった。

「東条の独断とあやまちはもはや一日も看過できない」

「このままほうっておけば、第二、第三の中野正剛が生まれるだろう」

右翼団体東方会の主宰者中野正剛が、東条首相の圧迫に対して、切腹して抗議をしたのは昭和十八年十月のことだった。

「東条およびその一派を斬って、クーデターを敢行するのでなければ、もはや軍の粛清は期待できない」

「軍首脳部の粛清が行なわれない限り、戦争の終局的勝利は望めない」

ついに、激した議論は東条暗殺計画にまで発展した。しかし、それに対して
「この危急存亡の秋に際して、国内でクーデターを起こすことは、手の内の乱れを敵に読まれることにもなるし、また前線将兵の士気を乱すことにもなる。軽々しい行動は出来ない」という慎重論も出た。

ただちにクーデターを決行すべしという強硬派と、下から燃え上る国民運動の焔の勢を強めて、それによって所期の目的を達成させたほうがいいという慎重派との議論が、深更までつづけられた。

けっきょく、後者の方策によることが、この際、諸般の情勢を勘案する時、もっとも妥当であるという結論に達し、次のような四項目にわたる革新運動実施要項が決定されたのである。

一、軍官民一体の気運を醸成するために、まず、革新官僚と民間有志との同志的結合をはかる。

一、施策に失敗すれば辞表一枚出して、責任をとるというようなことでは国家の存亡をかけた戦時内閣はつとまらぬ。責任は死をもってとられなくてはならぬ。失敗をすれば腹を切る覚悟のある者だけが戦争する国家の指導者たり得るのだ。このような腹切り内閣を実現するために、まず、言論機関や有識者と提携して世論の誘発をはかる。

一、軍首脳部の自粛をはかるために、軍内部における反東条派中の、特に革新的青年将校と緊密なる提携をして、反東条気運をいっそう高めるようにする一方、時期を見て、東条に直接意見具申をする。

一、在京中野学校出身者はこの運動の中心である自覚をもって、あらゆる努力をなすこと。

謀議を終わった十二名は、夜更けて、山下邸を出、それぞれの宿舎にむかって帰っていった。雪はいっそう深く街を覆っており、夜目にも白い反射を久村たちの眼に照りかえしていた。地上の汚濁を一瞬にして純白の姿に変えてしまう雪の様は、この日の久村たちの謀議を象徴するもののようであった。

因縁の二月二十六日、中野学校一期生たちのクーデター未遂事件は、この日を発端としてはじまったのである。

二月二十六日に決議された四項目は、ただちに一期生たちによって実行に移されることになった。

彼らは、まず、革新官僚の動きに着目し、これと手を結ぶことをはかった。

当時、外務省の白鳥派を中心とする、いわゆる革新官僚の動きは、非常に活発化しており、内務省内の革新派がこれに呼応して、強い勢力をつくりつつあった。このイニシアチブをとっていたのは、元近衛首相の秘書官であった牛場信彦や高瀬侍郎らの若手外務官僚および、昭和十六年に東条反対運動を起こして外務省を退いた仁宮武夫らであった。

彼らは、従来、欧米追随主義の傾向が強かった外務省にあって、アジア民族主義もしくは国粋主義を唱える異色ある存在であった。

ことに仁宮は、かねて皇道外交のスローガンをかかげ、東条の政策に対しては真っ向から反対していた。東条が組閣にとりかかっている真最中、東条の秘書官である赤松大佐に「天に代って東条を誅す」と書いた手紙を手渡した上、組閣本部にのりこんで、一席ぶったことが退官の動機となったものだが、このエピソードからだけでも、仁宮たち革新派の外務官僚たちの思想や、はげしい気魄が理解できよう。

久村たちはこの革新官僚と結び、お互いに情報交換をしたり、連携を深めていった。右翼との結びつきももちろん強めなければならなかった。

丸山は個人的関係から、浜口雄幸首相暗殺事件の佐郷屋留雄と密接な連絡を保っていた。

久村も二・二六事件に連座し、仮釈放中の身であった年来の盟友綿引正三とともに、世田谷の菅波三郎宅をしばしばおとずれ、菅波が久村たちの運動に積極的参加をすることを依頼した。菅波は五・一五事件に際して、鹿児島の中隊長であったが、兵を率いて上京しようとした疑いで退役させられた人物である。その透徹した思想は、右翼の一部では非常に高く評価されていた。

綿引はまた大東塾の影山正治、前田虎雄や大森一声らとの連繋をはかった。この他、五・一五事件の三上卓、翼賛壮年団理事の四元義隆らも同志として期待された。

　軍部内の革新派との提携はとくに重視された。

　一期生たちが同志として期待したのは、広瀬栄一中佐、竹下正彦中佐、稲葉正夫中佐、椎崎二郎中佐、飯野中佐、畑中健二少佐らの中堅将校たちであった。

　若松陸軍次官の秘書官である広瀬を除いては、全部陸軍省軍務局の課員たちである。軍務局は陸軍省の中枢勢力であり、彼らはほとんど大本営の参謀も兼務していて、事実上、大本営の推進力となっていた。

　ことに、広瀬は、次官秘書官になる前は、中野学校担当課である第八課に籍をおいていた関係もあって、久村たちとは親しかった。竹下以下の将校たちと一期生たちとが連絡が出来たのも、広瀬の仲介によるものであった。

　言論界に対しても、徳富蘇峰や大川周明と連絡をとって、いろいろな面での協力、支持を求めた。

　このようにして、久村たちが、各方面との連繋によって、国内革新運動展開のための基礎固めをしている間にも、戦局は悪化する一方で、それに対する批判の声もするどくなり革新気運はいっそう高まっていった。

　ことに、昭和十九年七月のサイパン島の失陥が、国民に与えた失望と怒りは大きかった。マリアナは日本本土に対する太平洋の防波堤であった。軍は、サイパンを失えば本土の死命を制せられることになるから、どんなことがあっても、ここは死守すると宣伝していた。しかし、軍の豪語にもかかわらず、サイパンは二十日余りの死闘の結果、ついに敵の手に落ちた。老幼婦女までがことごとく玉砕するという悲劇は内地に伝えられ、国民を落胆させた。

「どこまで負ければ気が済むのじゃ、軍の腰抜け共」

という投書が警視庁にほうりこまれたほどである。強気の東条大将も、とうとう首相の座をひきずりおろされることになった。

戦局とみに傾く時、内にあっては内閣総辞職の変事に遭い、内憂外患こもごも至るの感が深かった。

悪政の見本のごとくいわれた東条内閣は、ついに、七月十八日、サイパン陥落が命取りとなって瓦解の憂目をみたが、それにかわった小磯内閣も、決して、国民の信頼に答えるに足りる施策を行なっているわけではなかった。

国民は小磯内閣にひそかに「木炭バス」という仇名をつけた。ガソリン不足の対策として、そのころ、木炭を燃やして走るバスが考案されたが、しょっちゅうエンコして思うように走らないので評判が悪かった。小磯内閣は、軍部にひきずりまわされて、何一つ思うように出来ない弱体内閣であったところから、こんな仇名がつけられたものであった。肚のきまらぬ、右顧左眄《うこさべん》の弱体内閣は、国家存亡の時局を担当するには、ある意味では独裁的な強力内閣よりもかえって危険な存在である。

敗戦につぐ敗戦のうちにまた年があらたまり、昭和二十年を迎えたが、国運はずるずると泥沼の底にひきずりこまれるばかりであった。

「いったい、戦争はどうなるのだろう」

国民の誰しもがこんな不安を胸の中に抱きはじめた。そんな民情をまるで無視するかのように、軍首脳は、あたらしい号令をかけはじめた。

本土決戦！

国民一人々々が竹槍で米兵をせん滅せよ！

調子ばかりは激越だが、内容の空虚な号令であった。

心ある者は、軍の身勝手さに呆れ、憤慨した。非戦闘員まで一人残らず玉砕したサイパンの悲劇を、そのまま本土一億の国民におしつけようというのか。

銃をとって敵を撃ち、剣をとって敵と戦う者は戦闘員でなくてはならない。老幼婦女子までも、一億玉砕の名のもとに戦闘に参加させることは、戦争の限界を無視したもので、理性ある戦争指導者のとるべき道ではない。

中野一期生たちは、本土決戦に先立って、皇室および老幼婦女子の非戦闘員を、あげて大陸へ移住すべきことを主張した。中国大陸には二百万の皇軍が健在である。これに非戦闘員の老幼婦女子を託そうというのである。

サイパンにつづいて硫黄島も失う段階になってみれば、本土決戦は好むと好まざるとにかかわらず、必至のことである。

本土に敵を迎えうって、乾坤一擲の大勝負を挑むことは当然なすべき作戦ではあろう。しかし、その最後の決戦に非戦闘員を巻き添えにすることは絶対に避けなければならない。いな、むしろ、老幼婦女子を安全な大陸に移すことによって、本土に残った青壮年男子は後顧の憂いなく、最後の決戦に身を挺することができるのだ。

これが一期生たちの考えであった。

だが、第一に解決すべきは、大陸派遣軍がこの提案を受け入れ、多数の非戦闘員の移住をひきうけてくれるかどうかである。

久村は、硫黄島失陥直後の昭和二十年三月、機会をつかんで、大陸へ飛んだ。「航空情勢判断の説明」というのが表面上の出張理由であった。上海、南京、北京と主要都市を飛び歩いた彼は、軍の参謀たちに会って、非戦闘員の大陸移住説を説いた。

「あなた方が大陸で、これまで立派に戦ってこられたのは、あなた方の家族が本土で、平和に、安全に生活しているという安心があったればこそでしょう。今や、本土は空襲の被害をうけて、大陸よりもはるかに危険な状態にある。あなた方の家族の安全は保証しがたい。また、これからは、われわれが本土で一大決戦をしなければならぬ。われわれも自分たちの家族の安全を信じて、後顧の憂いなく戦いたい。そのためには、あなた方の家族われわれの家族、すべての非戦闘員たち老幼婦女子を、安全な大陸へ移すことが必要なのです」

久村の熱弁に、現地軍の参謀たちはことごとくうなずき、出来るだけ早期に受け入れ態勢をととのえることを約束した。

半月ほどのあわただしい旅程を終えて、久村が中国から東京に戻ってきたのは、三月二十日のことである。

迎える妻はいなかった。二月二十五日の空襲で家を焼かれたあとも、久村の妻は、乳飲み児を抱えて、知人の家に寄寓し、最後まで東京に頑張るといっていたのだが、三月九日夜の大空襲にはさすがにおびえて、久村の帰りも待ち切れず、新潟の親戚の家に移ってしまったのである。

久村は、雪深い田舎でどんなに心細い思いをしていることだろうかと、妻の身の上が案じられたが、それよりも先に片付けなければならぬ問題があった。

中国派遣軍の参謀たちが、久村たちの主張する非戦闘員の大陸移住説に賛成してくれたことを、陸軍省や参謀本部に説明して、一日も早く大陸移住の準備にとりかからねばならないのだ。彼は大陸出張の報告がてら、熱心に大陸移住説を説いてまわった。

「陛下も同じく大陸へお移し申し上げなければ、このままでは万一の事態が憂慮されます」

非戦闘員の移住ばかりでなく、皇居の安全を考慮しなくてはならないことを久村は説いた。三月九日の空襲では、ついに皇居内に焼夷弾が落され、皇居の一部が炎上した。その余燼がまだ煙を上げているのである。

だが、久村等の説に耳をかそうとする者はいなかった。

「大本営の移転については、われわれもすでに種々検討を重ねている。いや、すでに準備も出来ている。陛下には、新しい大本営にお移りねがって、万機を親裁していただくつもりである」

中野出の一少佐がやきもきしなくても、それぐらいのことは、十分考えているのだといわんばかりの返答であった。

長野県松代に堅固な防空壕を築き、大本営をそっくり移転させようという計画があることは久村等も知っていた。しかし、それさえも、内部には反対の声があり、なかなか実行の運びに至っていない実情なのだ。大陸へ皇居をそっくり移すというような思いきった提案を受け入れるには、軍首脳の頭はあまりにもかたすぎることを、久村等は悟らざるを得なかった。

久村は、非戦闘員の大陸移住説の説得をいったんあきらめて、妻子の様子を見るため、新潟へ出かけることにした。上司の許可も得て、夜行列車で上野を発とうというその日の午後のことである。

仁宮から「緊急の要談があるからぜひ会いたい。丸山、渡少佐らといっしょにきてほしい。赤坂の幸楽で待っている」との連絡がもたらされた。

急遽、丸山と渡を誘って、幸楽へ行ってみると、仁宮はすでに来ており、四十年配の品のいい紳士と話しこんでいた。

仁宮は、久村に、その紳士を木戸内大臣の甥だと簡単に紹介してからすぐ、要件を切り出した。

「四月二十五日に、いよいよ全国大会を開くことになりました。全国各県代表約二百名が当日には宮城前に集まって、盛大に気勢をあげる予定です」

「全国大会というのは、例の一億総特攻運動の？」

「むろん、そうですとも」仁宮は力強くうなづいた。

仁宮は外務省を退いてから、昭和維新を目標とする一大国民運動の展開を企図して、全国を遊説して歩いていたが、最近は、「一億総特攻」をその国民運動のスローガンとしていた。仁宮の呼びかけに対する全国の反響は意外に大きいものであった。ある地方では、全村の男子すべてが連名血書して、特攻志願をした。またある地方ではわずか二週間で二万名もの特攻志願の署名が集まった。

仁宮自身、反響の大きさにおどろいたが、それとともに、これだけの国民の情熱をぜひ一度、一つにまとめて大きい国民運動としたいと考えぬわけにはいかなかった。そのことは、久村等もかねがね聞いて知っていたのだ。

「汽車の切符が買えなければ、歩いてでも上京するといっている人たちもいます。みんな非常な熱意をもって、大会に望もうとしているのです。特攻志願の署名簿は、みんなリュックサックに入れて背負ってくるはずです。きっと、いまだかつてみられなかった熱狂的な全国大会になることでしょう。それにつけても、久村さん、あなた方にお願いしたいのは、この全国大会と日を同じうして、あなた方にもいよいよ具体的行動を開始していただきたいのです」

いったん言葉を切って、きっと口を結んだ仁宮の顔を久村はじっとみつめた。仁宮のいう「具体的行動」が何を意味するかは、久村には解りすぎるほど解っていた。

「軍部や政府の指導者たちが、現在のように腹がきまらない状態では、国民は方途に迷うばかりです。国民の気持が定まらなくて、この国難がどうして乗り切れるでしょうか。いまや、最後的手段を講じても、指導者たちに腹をきめさせる時期だと思います。四月二十五日の全国大会では、私は全国から集まってきた二百名の代表たちといっしょに、宮中へ嘆願に行くつもりですが、それだけでは、微力です。われわれの大会と同時に、中野学校を中心としたクーデターをおこしてもらいたい……」

仁宮は、ついにクーデターという言葉をはっきり口に出して言った。一座には重苦しい沈黙が流れた。久村は、腕を組み、眼をとじて、じっと考えこんだ。

日本はいま、たしかに興廃の岐路に立っている。玉砕か、和平か、いずれかを選ばなければならない時期に来ている。もう一刻の躊躇逡巡も許されないのだ。それなのに、政府・軍部の戦争指導者たちは、とるべき道を選ぶことができず、まったく腰のすわらない状態である。

今となって、一日の逡巡は、それだけ祖国の危機を深めるだけである、指導者たちに、和戦いずれの道を選ぶか、はっきりとした覚悟をきめさせるためには、もはや手段を選んではいられない。示威運動や、政府高官、軍首脳の軟禁という非常手段もやむを得ない。

いや、いまとなっては残されたのは、そのような強硬手段しかないのではないか。

久村は、ゆっくりと口を開いた。

「仁宮さん、あなたはいま、二百名の各県代表者は決死の覚悟で上京してくるのだと言われましたね。その言葉で、私の肚はきまりましたよ。クーデターは、死中に活を求める手段として、必ずしも忌避すべきものとばかりにいえないが、今までは、五・一五事件や二・二六事件の例にもみられるように、結局は失敗に終った場合が多い。それは、国民感情の支えがなかったからだと私は思うのです。ところが、こんどは仁宮さん、あなたのおっしゃるように、全国からかけつけてくる二百名の人びとがいる。彼らの背後には、署名、血判をした何百万何千万人という国民がいる。国民感情がわれわれを支持してくれるわけです」

「久村さん、ありがとう。それでは、われわれと行を共にして、クーデターを敢行して下さるのですね」

「いや、ちょっと待って下さい。いま申し上げたように、クーデター実行の肚はきまりました。しかし、問題は一つ残っています。それは、われわれが行動を起こしたあとの事態を、誰が、どうやって収拾するかということです。もちろん、国民感情の支持がある以上、滅茶々々な事態にはならないでしょうが、それにしても、はっきりした事態収拾策をあらかじめ考えておかなくては……」

こんどは、仁宮が沈黙する番だった。彼はきらりと光る眼鏡の奥で、細い眼をしばたたかせながら、しばらく思いふける風だった。

三分、五分、……仁宮の顔に明るい色がうかんだ。

「大丈夫です。その点については、私にはっきりした成算があります。まかせていただいて大丈夫だと思います」

「よろしい。それでは、私たちのほうも早速準備にとりかかります」

久村は、かたわらの丸山、渡らを振りかえり、目で彼らの同意を確かめながら答えた。

幸楽を出て、西の空を仰ぐと、日はいつの間にか大きく傾き、白堊の議事堂の尖塔に、赤い落日がしだいに姿をかくしていくところであった。

落日を呼びもどす――そんな空しい努力を試みようとしているのではないかというような思いが、久村の胸をふっと過ぎるのであった。


クーデターの準備は着々と進められた。

既成勢力を一挙にくつがえし、国家の根幹に大ナタを振うクーデターという仕事は、容易に決行出来るものではない。万全の準備が必要であった。そして、それ相応の「力」も欠くことはできなかった。

いかに憂国の熱情に燃えているとはいっても、一期生十六名（岡とQの死によって当初の十八名は十六名に減った）だけの同志的結合では手に余るものであった。一期生を主軸として、中野学校の全機能を結集させるのでなければ、成功はむずかしかった。

しかし、中野学校も久村たちが教育された寺子屋的環境からくらべると、見ちがえるように、大規模な環境と機構とに発展していた。その全機能を動員させることも、なかなかたやすいことではなかった。

一期生たちを巣立たせたあと、昭和十四年末に、中野学校は「陸軍中野学校令」の制定によって、陸軍大臣直轄学校となり、それとともに、施設や教育内容が急速に整備されて、かつての私塾的体裁から脱け出ていった。

昭和十五年春には、北島少将が東部軍参謀長として転任していったあとを、陸軍省兵務局長田中隆吉少将が二代目校長として迎えられた。

さらに、昭和十六年春には、陸軍大臣直轄が参謀総長直轄に変わった。元来、秘密戦勤務は参謀本部が担当している業務なので、中野学校がはじめ陸軍大臣直轄学校になったことのほうがおかしいことだった。これは中野学校の創立に当たって、参謀本部方面の関心が薄かったため、予算措置を講じてくれず、陸軍省軍事課の肝入りで、陸軍省各課の予算を少しずつけずって中野学校の予算としたという事情から生じた特殊の事態なのであった。

したがって、参謀本部直轄となったことは中野学校が秘密戦士養成機関として、本来の姿にかえったことになり、これによって、学校の内容はますます整備され、体系化されていくことになったのである。

その編制、教育内容はつぎのようなものであった。

校長
（幹事）

- 本部（庶務、教務、医務室、図書室の他に、簡単な秘密戦資材の製作を行なう工場を所管する）
- 教育部（教官は編制以外に、陸軍省、参謀本部その他より多数の兼任教官がいた）
- 研究部（いずれも兼務教官であり、文書的研究が主であった）
- 甲種学生（甲種学生のみは学生隊には入れなかった）
- 学生隊（乙種学生以外の学生はすべて校内に起居し、職員は訓育及び術科教育を担任した）
- 実験隊（秘密戦資材の実験、研究。学生への実科教育を担任。他の陸軍研究所等で試作した秘密戦資材の委任実験を行なう。隊員は下士官以上であった）
- 二俣分教所（遊撃戦担当要員《予備役見習士官》の教育）

このように整備された中野学校の全機能を、もし有効にクーデターに使用することができれば、その効果はきわめて大きい。久村等は着々と連絡をすすめた。

中野学校は折あしく、昭和二十年三月下旬から東京を捨てて、群馬県甘楽郡富岡町（現富岡市）に疎開をはじめていた。激化した空襲の被害を避けるためと、教育訓練の重点が遊撃戦におかれるようになったため、東京での講堂教育よりも、地方における実地訓練の必要が大きくなったことなどの理由による疎開であった。

この疎開によって、地理的には連絡が不便になったとはいうものの、越田、山田、境野、阿川らの一期生たちが、教官として中野学校の内部にいることは何よりの強味であった。

とくに望みを託したのは渡であった。

前記の編制中、実験隊というのがあるが、昭和十九年九月ごろから、この実験隊の中に正体不明の一隊が生まれた。離島残置諜者の養成を目的とした特務隊であり五十名余りの人員であったが、資材は一個師級のものを持っていた。この特務隊長に任命されたのが、一期の渡少佐であった。

離島残置諜者というのは、班長、班付下士官、兵二名の計四名の少人数で、太平洋海域の離島へ文字どおり片道切符で赴任し、種々の諜報連絡業務に従うもので、生還はほとんど期しがたい、いわば中野学校の特攻隊であった。真の愛国の至情なくしてはつとまらぬ任務である。この隊員たちの愛国の心に訴えれば、クーデターの真意に共鳴してくれ、同志として大いに協力してくれるにちがいない。久村はこのように期待したのである。

一方、中央には、亀田が久村とともに大本営の中にあり、猪山は兵器行政本部にあって最新兵器を掌握できる立場にいた。

丸山が、重要任務を帯びて朝鮮へ飛び、突然、中野学校教官の椅子を去らねばならなくなったのは残念だったが、伊藤佐又少佐がデモンストレーションのために戦車隊を出動させる重要な役目を引きうけてくれたことは、丸山の不在を埋めて余りあるものであった。さらに、学徒特攻隊の内部にもひそかに働きかけて、クーデター計画に参画する同志を求めることができた。ただ、反東条運動で気脈を通じた陸軍省の革新将校に対しては、積極的な連繋をはばかった。現在の軍首脳部に対する彼等の態度は、必ずしも批判的ではなかったからである。むしろ東条退陣によって事なれりと満足している風さへ見えていた。

仁宮たちと赤坂で、秘密会談を行なってから旬日余りにして、準備はようやく整った。あとは四月二十五日、一億総特攻運動の全国代表が宮城前に集結する日を待つばかりである。

四月二十日夜、久村は綿引と連れ立って、東横沿線都立高校の自宅に、菅波三郎を訪れた。クーデター後の事態収拾に一抹の不安を感じていた久村は、この人に総てを託そうと思ったからである。

玄関脇の洋風の応接間に通されると、久村は思わず興奮した口調で、切り出した。

「腰の抜けた指導層に活を入れるために、四月二十五日を期して、われわれは立ち上ることにしました」

「いよいよ、やりますか」

菅波は、久村たちの突然の訪問によって、すでに、何かあるな、と察していただけに、クーデターの決行を打ち明けられても別段、おどろきは感じなかった。むしろ、待ちかまえていたもののように、静かな口調の底に、烈しい気魄をこめて語を継いだ。

「国家の運命を切り開く大事に、私ばかり手をつけかねているわけにはいかない。一体、どんな計画なのか、実行の段取りをくわしく聞かせてもらえないか」

久村は、膝を進めて一気にしゃべりはじめた。

仁宮らから呼びかけのあったこと。当日には、全国からかけつけた決死隊二百名の民間有志が、宮城前に集まって気勢をあげること。彼らが宮中へ陳情に行く時を見はからって中野グループがいっせいに行動をおこすこと。

等々、これまでの経緯と当日の計画を詳細に打ち明けた。

「要人たちを隠密裡に軟禁して、上層部を一時的に空白状態におとしいれ、その間に、あらゆる方法を通じて、われわれの真意を国民に訴えるつもりです。放送局を占拠して、電波を通じて、全国民にも呼びかけます。飛行機を出動させて、空からビラをまきます。ことさら流血の惨をひきおこそうとは決して考えておりません。要は、指導者たちを覚醒させ、国民に希望と勇気を持たせたいのです。もちろん計画の成功については十分自信があります。しかし、われわれの力ではできないことが一つあります。それを先生にお願いしたいのですが……」

「もちろん、喜んでお手伝いしよう。だが、私に何をさせようというのですか」

「事態の収拾です。われわれは事を決行するに当たってはもちろん、死を覚悟しております。後始末に関しては、別の人、別の力をまたなければなりません」

「よろしい、あなた方の考えはよく解った。言われるとおり、あなた方としては、なまじ後始末のことなどを考えないほうがよいのです。正しい動きは必ずそれにつづくものがある。国を思う士は多勢いる。私も及ばずながら出来るだけのことはしよう。あなた方は心配せずに、力いっぱいやれるだけやればいいのです」

　菅波は力をこめて言うと、気負うように頭を振り上げ、ふさふさとした髪の毛を右手で掻き上げた。まっ黒な、青年のような美しい色をした頭髪だった。

「先生、いつまでもお若いですね」

久村が感心したようにいうと、菅波は、はっはっはと元気そうな声をあげて笑った。

やがて、久村たちは暇を乞うて、席を立った。菅波は玄関まで見送りに出たが、別れのあいさつをして門を出てゆこうとする久村の背にむかって、ふっと思いついたように声をかけた。

「久村君、私の頭髪はほんとはまっ白なんだよ」

「えッ？」

「だが、人間、姿がふけると気持も老いこむものです。いつまでも若い精神でありたいと思って、実は染めているんだよ」

おどろいて振りかえる久村の耳に、菅波の声がつづいてひびいた。

「私だってまだ若いんだ。君たちに負けずにやるよ。君たちもしっかりやってくれたまえ。いいね、しっかり頼んだよ」

3　雪の日の破局

四月二十三日には、各県代表二百名の顔触れがそろった。翌二十四日には、夜十時から、東中野の料亭日本閣で、二百名が勢揃いし、最後の打合わせを兼ねて、決行前夜の宴をはることになったから、是非参加してほしいと、仁宮から久村に連絡のあったのは、二十四日午前中のことである。

久村も亀田も、平常通り、参謀本部支那課と第八課の部屋で、それぞれ勤務に服していた。大事を翌日にひかえながら、二人は自分たちの心が非常におちついていることに気づいた。

緻密な計画と周到な準備はすでに成った。あとは計画どおりに思いきって行動すればいい。菅波からも諭されたように、後事を思いあぐねることさえ不必要なのだ。——このようにきっぱりと覚悟をきめたことが、かえって二人の心をおちつかせたのであろう。

午後になって、特務隊長の渡が最後の連絡のため第七課の部屋に久村をたずねてきた。

久村は、仁宮からの連絡を渡にも伝えながら、

「討入前夜の気分はどうだい」と冗談のように笑った。

「貴様こそ、ばかに落ちつきはらった顔をしているじゃないか」

「そうとも。万事うまく行くさ。天変地異でもない限りはね」

渡も、亀田も声を立てて笑った。その「天変地異」がよもや起ころうとは、三人とも露思わなかったのである。

午後三時すぎ、あわただしい靴音が第七課の部屋に飛びこんできた。長靴をはいた若い憲兵下士官である。彼は、一直線に久村の机に進んでくると、大声で怒鳴った。

「久村少佐殿、憲兵隊本部へ出頭するようにとの通達であります」

さすがに、久村の顔色が変わった。反射的に椅子から立ち上った久村の顔に、みるみる血がのぼった。憲兵下士官は、おっかぶせるようにつづけた。

「亀田少佐殿も、それから、中野特務隊長の渡少佐殿もたしかこちらにお見えになっているはずですね。ご一緒に憲兵隊本部へ出頭ねがいます」

出頭理由はいわなかった。課員たちの不審そうな眼が、いっせいに久村の上に、注がれた。しかし、久村にとって、通達を受けた理由はあまりにも明白である。

クーデター計画が、事前に憲兵隊本部に探知されたためであろうことは疑う余地がな

い。疑問は、何故漏れたか、誰が漏らしたかである。

だが、そんな詮索をしている余裕はない。久村は隙を見て、腹心の斎藤秀一大尉（三期生）に、関係書類の焼却、下宿先の家宅捜索をやられる前に手を打つことなどを依頼してから、憲兵のあとに従った。

エンジンをかけたまま正面入口の前で待ちかまえていた憲兵隊の車は、久村たち三人を乗せると、気違いのようにスピードをあげて九段に向かって突っ走った。

車の中で、久村は、渡や亀田に
「何をきかれても、具体的な答えをしないで、抽象論でごまかすこと。民間側や仁宮氏らのことはあくまで隠しとおそう」と、取調べに対する態度を打ちあわせた。

憲兵隊本部では、三人はそれぞれ別の室で取調べを受けることになった。

久村が案内されたのは二階の応接間。長身の憲兵中尉が
「第二課長代理として訊問を行ないます」と前おきして、取調べに当たった。

「本日、召喚を受けた理由はご存知のことと思います。今回の計画の内容を率直に説明していただきたい」

「計画？　いったい何のことですか」

久村は無表情な顔でとぼけた。中尉は、しばらく、鋭い視線を、久村の顔に注いでいた

が、ふと思い直したように、語調を変えた。

「よろしい。それでは、一つ、少佐殿の時局観をうかがわせて頂けませんか。実は、私は中野学校の神戸事件の時にも、取調べに立ちあったことがあり、中野学校の皆さんの思想には共鳴するところもないではないのです。皆さんも私たちも、国を思う気持は一つです。問題はそれをどのような形にあらわすかの違いですが……。まあ一つ、ざっくばらんなお気持を話して下さい」

外濠からゆっくり埋めてゆく戦法だな、と内心苦笑しながら、久村は慎重に話しはじめた。

「戦局は日々に悪化する一方です。最後のトリデといわれた沖縄も、陥落はもう時間の問題でしょう。本土への空襲も激しくなってゆくばかりで、国民は袋の中のネズミのようにただうろうろとするだけです。こんな状態では、希望も救いもない。何とかして、この泥沼状態の局面を打開したいというのは、心ある日本人の誰しも考えることではないでしょうか。では、どんな打開策があるか。率直に私の意見をいえば、一億玉砕も結構です。しかし、向こう見ずに玉砕してしまって、日本という国を絶滅させてしまったら、われわれは祖先に対して、何とおわびすればいいのです。勝利の見こみのない今となっては、わが国体に傷をつけずに、出来るだけ有利に戦争を終結させることだけが、残された道ではないでしょうか。この大義を通すことさえできるなら、われわれ軍人は一兵残らず玉砕してもかまわない。また敵の軍門に降るという恥辱にも耐えよう。要は、天皇を御安泰にし、国体に傷をつけず、非戦闘員である一般国民に今後生きて行く生業を与える――これだけが、今となっては残された唯一の希望であること、そして、あらゆる行為はこの希望を達成するために考えられなければならないということなのです。陛下や非戦闘員を大陸へ移すことを私達が考えたのもそのためです。そのほかにももっとよい方法があれば、私はどんどん実行したいと思っています」

しだいに熱を帯びてきた久村の言葉は、取調べを受けている、容疑者のそれではなかった。彼は、まるで、愛弟子に教えさとすように、若い中尉にむかって、諄々と説きすすんだ。中尉もまた、訊問者の立場を離れて、久村の言葉を理解しようとしているようであった。

二時間以上、久村はひとりでしゃべりつづけた。窓の外にたそがれの色がいつの間にかにじんでいた。室内の電灯がぱっとともされた。それが合図のように、中尉はそれまで久村の話をずっとメモしつづけてきた手をやめて、

「よくわかりました、少佐殿。まったく同感です。これ以上、おうかがいすることもありません。上司へは私が適当に整理して報告を出しておきます」

といいながら、握手を求めた。テーブル越しに久村は手を差しのべた。

その時、ドアをノックして准尉が入ってきた。彼は、容疑者と取調官が固い握手を交すという異様な光景を見て、呆然と立ちすくんだ。

「何の用かね」中尉がふりかえって訊いた。

「食事の準備が出来ております。しばらく休憩します」

わざとらしい事務的な口調で准尉は告げた。久村は（きょうは、おれ達を帰さないつもりだな）と直感した。

はたして、食事後、ふたたび取調べはつづけられることになった。こんどは准尉が取調べに当たった。彼は中尉と違って、久村の抽象論を受け流し、具体的な事実をひき出そうと、しきりに久村を誘導した。すでに、相当の調べはついているらしく、久村の共謀者として、伊藤佐又、仁宮武夫、牛島信彦、菅波三郎、綿引正三らの名を挙げた。

「もちろん、これらの人たちを知っています。しかし、共謀者などという名で呼ばないでほしい。みな、国を憂い、国民を愛するという点で志を同じくする人びとなのです。私は心から尊敬し、交際をねがっていた。が、それだけのことです」

久村は、仁宮たちとの盟約をあくまで否定しとおした。

すると、こんどは、准尉は、中野グループと近衛文麿や吉田茂との関係をたずねた。これには久村のほうがおどろいた。言葉を濁した返答をつづけていると、准尉はなおもいろいろと突っ込んだ質問をしてくる。この口裏から、近衛や吉田茂が和平工作を画策していること、吉田茂は既に逮捕されてこの階下に留置されており、近衛の身辺にも憲兵隊の手がのびていることを久村は知ることができた。

准尉は、あらゆる角度から質問をくり返したが、その内容にはだんだん的はずれなものが多くなった。

久村は（取調べに名を借りて、おれたちを憲兵隊本部にしばりつけておき、その間に、日本閣を襲撃するつもりなのかもしれない）と思いついた。時計を見ると、午後十時を過ぎている。もし、日本閣に手が回っていないとすれば、仁宮らは、何故久村たちが来ないのかと、やきもきしているにちがいない。それとも、すでに、憲兵隊の襲撃を食っているだろうか。

そんな久村の気持を知ってか、知らずにか、准尉は、なおもくどくどと質問を重ねた。訊問はついに翌朝までつづけられた。久村は一睡もすることを許されなかった。

明けて、四月二十五日、午前六時、全国の血盟同志二百名が宮城前に集結し、久村たち中野グループが、救国のクーデターを敢行すべき時刻であった。

だが、すでにして久村も、亀田も、渡も監禁の身である。なすべき手段とてなかった。

一期生の他の連中はどうしているだろうか。仁宮や菅波は無事だったろうか。思いわずらう久村の耳に、突然、けたたましいサイレンの音が聞こえてきた。

空襲警報だ。ブザーのようなB29の通過音につづいて、高射砲弾の炸裂音が窓ガラスを震わせた。

高射砲の射程距離から遠ざかった高空を悠々と旋回しながら、無数の爆弾を落下させているB29の不気味な姿や、焔と煙に囲まれながら逃げまどう市民の哀れな姿が、まざまざと見えるような思いであった。

久村は、唇を噛みしめながら（見ろ、またしても日本の国土が焼かれていく。おれたちが折角とらえた救国の機会も失われ、日本はますます滅亡の淵に近づいていくのだ）と、心ない密告者をのろった。

午前十一時、久村は、憲兵隊本部課長室に連れて行かれた。すでに、室内には渡が河本課長の前に直立不動の姿勢をとっていた。亀田の姿は何故か見えなかった。河本大佐は、ちょっと肩を張って四角張った様子をつくり、久村と渡にむかって、判決を下すような口調で言い渡した。

「今回の事件については、統帥部とも相談の結果、不問に付することにした。軍法会議にももちろんかけない。これは貴官らの心情に同情した上司の温情である。戦局、いよいよ苛烈をきわめる現情勢下においては、貴官らの熱情と至誠とは、おのずから他の方面に傾注すべきである。今後は、軽挙の振舞のないよう、厳に自重すべきである」

こうして、久村たちは二十時間ぶりに、憲兵隊本部から釈放された。

昨夜、日本閣に集まった各県代表たちは、久村が案じたように、はたして、憲兵隊の急襲をうけ、一網打尽に逮捕されたことも知らされた。

一睡もしなかった疲労と、一身を賭けた大事が未遂に終わったことの精神的虚脱感とが全身をおおって、久村はまるで脱け殻のように感じる自分の躰を車のシートに乗せた。

久村の気持をそのままあらわすかのように、空には暗い雲が重く垂れていた。

「雪でも降りそうな空だな」

四月も末、雪の降る季節でもないのに、久村がそんな独り言をもらしたのは、一年前の二月二十六日のことを思い出したからだ。日章塾山下博章の邸で、一期生たちが旧師の伊藤少佐とともに、国内革新の謀議を行なったその日は、朝から深更まで、降りつづけた印象的な雪の日であった。

一年余の苦心も、たった一人の密告者のために泡と消えたかと思うと、あらためて、口惜しさがわいてきた。しかし、とり逃がした機会は二度とかえってはこない。過去をくやむより、ふたたび将来の計画をたてなおすことだ。久村は強いて、自分の心を励まそうとしたが、駄目だった。

久村は、シートにいっそう深く身を沈めると、瞼を重く閉じた。

第四章　生きている中野学校

1 北白川若宮を擁立して

「終戦内閣」といわれる鈴木内閣が、小磯内閣にかわって登場したのは、久村たちが憲兵隊にとらえられる前、四月七日のことであった。

この内閣にかわってから、内外の情勢は、内閣の別名を裏書きするかのように、急速なテンポで終戦にむかって突き進んでいった。

四月二十八日、ムッソリーニ伊首相はイタリアのパルチザンによって処刑された。

四月三十日のヒトラーの自殺につづいて、五月七日にはドイツが全面降伏した。

六月二十一日には、ついに沖縄が陥落。

七月二十六日、アメリカ、イギリス、中国の連名でポツダム宣言が発表された。

八月六日には広島に原爆が落され、ついで八日にはソ連が対日宣戦布告をして、満州、南樺太になだれこんできた。そして九日には原爆第二弾が長崎に落下。

ポツダム宣言を受諾して手をあげるべきか、焦土作戦を敢行してもあくまで戦い抜くべきか、二者択一を迫られた土壇場の最高戦争指導会議が開かれたのは、八月九日午前十時半からであった。

その日、久村は、参謀本部内の一室に、三十名の参謀要員たちとともにいた。彼らは、七月はじめから約一カ月にわたる本土決戦のための参謀演習を終えたばかりで、数日後に迫った赴任についての指示を待っているのだった。久村の胸にもやがて新しい参謀肩章が光る事になっていた。幹候出身の予備役将校としては異例の参謀職を与えられたのは、久村の、そしてまた中野学校の活躍が評価されたせいであった。久村以外の三十名の将校たちの胸には、既に真新しい参謀肩章が、光を放っていた。

すでに四十を越した古手の中佐などは、新しい参謀肩章を、まるで子供が新しい玩具を喜ぶようにうれしがり、しきりに指で触ったりしていた。彼らもまた、実戦の成績抜群を認められて、本来ならば、陸大出でなければつけることのできぬ参謀肩章をさずかるという思わぬ幸運に浴した者たちだった。

幹候出の久村とはちがって陸軍士官学校に学び、職業軍人を志した者にとって、参謀肩章は生涯の夢であった。彼らも何度か、陸大受験を試みたにちがいない。だが、そのたびにふるい落され、ついに参謀肩章の夢をあきらめさせられたのだろう。それが、思いもかけず、特別の恩典で幕僚の列に加えられたのだから、その喜びは察するに余りあるものであった。

（無邪気なものだ）

久村はほほえみをもって、彼らのうれしがりようを眺めようと思った。しかし、それは単純にほほえましい光景というには、心にひっかかるものがありすぎた。

同じ市ケ谷台上、大本営の各部課では、宮中で開かれている土壇場の最高戦争指導会議の結果如何と、固唾を飲んでいる一団の妖気が漂っていた。その結果は、国家の将来を左右する重大なものだ。いまは、一個人の喜びよりも、国家の運命を思う時ではないか。

第一、無条件降伏ときまれば、参謀肩章も幕僚もあったものじゃない。そんなことにすら思い及ばないとしたら、それは無邪気を通りこして、愚劣でさえある。

久村は、ただただ、会議の結果を憂えた。

はたして――

翌十日、午前十時すぎ、一人の中佐が血相変えて、久村たち三十名の参謀要員が待機している部屋へ飛びこんできた。

「おい、諸君、会議の結果は、降伏ときまったぞ。陛下の御聖断によって、ポツダム宣言受諾が決定したのだ」

椎崎中佐であった。彼は興奮のあまり、拳ににぎった左右の手をはげしく打ちつけながら、九日午前から徹宵にわたってつづけられた会議の模様を報告した。

「阿南陸相、梅津参謀総長、豊田軍令部総長の三人が徹底抗戦を主張したのに対して、東郷外相、米内海相ばかりか平沼枢相までが加わって降伏を主張し、三対三で鈴木首相は決をとらず、陛下の聖断を仰ぐことになった。畏れおおくも、陛下は、国体護持を条件に、ポツダム宣言を受諾することを仰せ出されたのだ。だが、われわれは、国体護持は徹底抗戦によってのみ望み得ることだと信ずる。敵の軍門に降って、何の国体護持か。陛下は君側の奸の言葉にまどわされて心弱くおなりになったのだ。われわれは、今回の会議で、敵は米英ばかりでなく、腰抜けの重臣共という内敵があることを知った。外には今や本土に迫らんとするアメリカ軍あり、内には、敗戦主義の重臣共あり、この内憂外患の時にあって、死中活を見出すは、一億総決起あるのみだ。諸君の奮起を望むぞ」

椎崎は、さらに他に行くところがあるのか、激しい勢いでまくしたてると、足早にまた部屋を出ていった。

とうとう、降伏か！

茫然自失、久村は天井の一角にうつろな視線を投げて、しばらくはみじろぎもしなかった。他の三十名の参謀要員たちも、ある者はふらふらと椅子から立ち上がり、ある者は深く首を垂れて、両手で頭を抱えこみ、みな虚脱の表情をあらわにした。

「一体、どうなるんだ?」

一人がようやくひとり言のように言い出したのは、二十分も経ってからだろうか。

「会議できまったからといって、今すぐ戦争が終わるわけじゃない。われわれは早く任地へ行かなくちゃ」

「そうだ。おれは今夜早速出発するぞ。おい、誰か時間表を持っていないか」

「そうか。おれも行くぞ」

「ばかいえ。申告はどうするんだ。勝手に出発するわけにはいかんじゃないか」

「なあに、構うものか。大本営は申告どころの話じゃあるまい」

口ぐちに、勝手なことを言い出した参謀要員たちの様子を、久村は唖然として眺めた。日本が降伏するという一大事を聞いて彼らが何よりもまず心配したのは、やっとの思いで着用を許された参謀肩章を、実際に胸にぶら下げる機会がなくなるのではないかということなのだ。

いかに、生涯の夢であった参謀肩章にせよ、国家の存亡よりも、尺余の飾緒《しょくちょ》のことに気を奪われるとは、論外の振舞というしかなかった。

(これでは戦争に勝てないわけだ)

久村は、憤りをとおりこして、おかしささえこみあげてくるのを覚えた。

降伏の聖断が下ったとはいえ、万事は終わったわけではない。むしろ、これからこそ、新たな覚悟をきめて、非常事態に対処すべき時だ。

二千六百年の栄光が無残にも泥にまみれようとするこの時、いかに、進退すべきか。参謀肩章に恋々としているような連中には、到底まかせておけぬことだ。

久村は、虚脱した躰に自ら鞭打つように、椅子から立ち上がり、自室に戻るべく、騒然たる部屋を出ていった。


一期生を中心とした数十名の在京中野グループとしては、ポツダム宣言受諾の非常事態に対して、手をつかねて傍観しているわけにはいかない。

しかし、クーデター未遂の前科（?）もあることとて、憲兵隊が、この際、中野グループの動きに警戒の眼を注がないわけはない。この監視をくぐって行動するためには、秘密の連絡場所が必要だった。

久村たちは神田・駿河台の旅館駿台荘にその場所を求めた。お茶の水駅と水道橋駅の中間あたり、閑静な住宅街の中にあるこの旅館の女将は、侠気の人として知られていた。かつて、英国官憲の弾圧の手を逃れて日本に亡命したビルマ独立運動の志士オンサン、ラミヤンたちがかくまわれたのもこの旅館である。

女将は、久村たちの申し入れにうなずいて、快く部屋を提供してくれた。

「十分気を配って、あやしい気配があればすぐ教えてさし上げますよ」

女将は、男のように笑いながらいった。

アジトを獲得した中野グループは、直ちに情報収集のための活動を開始した。

暗号班（特情）勤務者は、敵情を偵察した。この場合、敵情とは、八月十日暁の閣議決定後、スウェーデン、スイスを通じて米・英・ソ・中四国に通告したポツダム宣言の条件付受諾に対する世界各国の反応と動きのことである。

また関東軍の戦況も、ソ連参戦後の動向を知る上からくわしく知る必要があった。国内の動きについては、特に右翼の動向や一般国民の世論の動揺などをキャッチしなければならなかった。

大本営の動きはもちろん一番必要だったが、これについては、「夜の陸軍次官室」との相互連絡で刻々の変化をつかめるようになっていた。夜の陸軍次官室というのは、若松陸軍次官が緊急事態に備えて、夜も自宅に帰らず、九段の偕行社に一室をとり、そこに寝泊りすることになったため、市ケ谷の次官室と区別するために名づけられた名前だった。次官秘書官の広瀬中佐は、進んで中野グループに、情報交換に関する申し入れを行なってきた。

夜の次官室となった偕行社の門前には、着剣した兵隊が徹宵の警戒をつづけており、出入りする人間はきわめて限定されたが、中野グループは特に、自由に出入りさせる。そのかわり、中野グループの行動は逐一広瀬中佐に報告して、決して秘密をもたないという条件だった。

広瀬は、中野グループが、かつてのクーデターのように独自の強硬手段をとることを警戒したのであろう。広瀬は久村らと個人的にも大いに投合しあう親しい仲だったが、クーデターの時には皮肉にも反対の立場にまわったのだった。クーデター計画の密告を事前にうけたのは広瀬だった。彼は、日ごろ何でも打ち明けてくれた久村が、クーデターに関しては自分に全く相談せずに計画を進めたことを腹立たしく思ったが、それとは別に、陸軍次官秘書官という立場から、クーデターは絶対に阻止しなければならぬと考え、直ちに、憲兵隊に連絡して、久村らを逮捕させたのである。そのかわり、本来ならば、当然軍法会議ものである久村たちの行動について、一切責任を問わないという寛大な処置をとってもらうよう上司に上申して、円満な解決を計った。

久村もクーデターの時、広瀬たち革新将校一派を除外した不手際を反省していたから、こんどは、広瀬と絶えず緊密な連絡の上、情報交換などを行なった。だが、入ってくる情報は悪いものばかりだった。

十二日午前一時ごろ外務省が受けとった連合国側の回答（いわゆるバーンズ回答）の内容を久村たちが知ったのは、その日、深更のことである。

それは、ポツダム宣言を条件付きで受諾したいという日本からの通報に対しての回答でその内容は意外に手きびしいものであった。

「降伏の時より天皇及び日本国政府の国家統治の権限は……連合国最高司令官に従属する」

とある第一項の文句には、広瀬ら陸軍省側の将校も、中野グループ側も、ともにおどろき、憤った。

ニューヨーク・タイムズの論説も直ちに翻訳されて伝えられてきた。それは天皇の戦犯と皇室の全廃とが強く主張されていた。九日の御前会議の時に、和平派に回った平沼枢相も、この苛酷な回答に憤慨して、抗戦派に同調した、という情報も入った。

「言わんことじゃない。こちらが弱腰を見せるから、敵はつけ上がってこんなことを言うんだ」

「国体が護持されないなら、たとえ一兵となっても戦いぬかなくてはならん」

久村と広瀬は、こもごもに慷慨しあった。

市ケ谷では、バーンズ回答に憤慨した一部の将校たちが、早くも不穏の表情をあらわに

していた。ことに軍務局の中・少佐級は過激な態度を示し、陸軍大臣室にのりこんで
「こんな国辱的なポツダム宣言を受諾することは断じて許せない。閣下、是が非でもこれを阻止して下さい。もし、阻止できないのなら、大臣、あなたは、腹を切るべきですぞ。われわれはクーデターに訴えてもこれを阻止します」

と阿南陸相に訴えた。

十三日になると、事態はいっそう緊迫し、血相変えて廊下を駆けずり回る将校の姿が目についた。市ケ谷を駆けおりて、三宅坂の陸相官邸に向かう自動車の数もふえた。まるで血なまぐさい風が、市ケ谷台上を吹きまわっているようであった。

そのような、騒然たる雰囲気の中に、ひそやかな隠微な人の動きがあるのに、久村は耳ざとく気づいた。

（何か、あるな）久村の胸に、ピーンとくるものがあった。

十三日夜には、米軍機が東京上空に飛来し、爆弾のかわりにビラをまいた。それは、日本政府がポツダム宣言を受諾したと米英に通告したことが印刷されたものであった。十四日の午前、最後の御前会議が開かれた。この会議もまた、聖断によって、降伏、終戦という結論が出され、正午に終わった。

久村は、陸軍省内の次官室で広瀬中佐と話している時に、最後の御前会議の結果を知っ

た。

「戦争が終わったことを国民に知らせるために、必要とあればマイクの前に立とう。陸海軍将兵のためには特に詔書も出そう」

とまで陛下が仰せられたということを聞いて、さすがに、久村は粛然として身がひきしまるのを覚えた。

久村は、次官室を出た。

一体、どうすればいいのか。頭の中が、いや、身体中が、からっぽになったように感じた。とにかく自分の部屋へ帰ってよく考えてみよう。そう思って、廊下をゆっくりと歩きはじめた時、背後から、鋭い声で、久村の名を呼ぶ者があった。軍務課の椎崎中佐であった。

「二時ごろ、軍務課へ来てくれませんか。ちょっと相談したいことがある」

「ええ、伺いましょう。私もあなたに相談したいことがある」

「事は終わったわけじゃない。これからだよ。お互いに頑張ろう。いいね」

椎崎は、何かを急いでいるらしく、それだけをいうと足早に立去っていった。

市ケ谷台は、正面に日型の本館があり、向かって左側に、陸軍省、防衛総司令部、俘虜管理部などの建物がならび、右手には、航空本部、参謀本部、教育総監部の建物がならんでいた。左右それぞれ三棟ずつの合計六棟はいずれも二階建で、本館だけが三階建であり、ここには、大臣室、総長室があった。陸軍省の中から軍務局が、参謀本部の中から第一部が本館にはいっていた。

軍務局は、そのオフィスの占める位置からも、大本営の中心部であったわけである。

軍務課は、本館二階の西側の部屋であった。

久村は、約束の二時きっかりに、同期生の山田少佐とともにその軍務課の部屋をたずねた。椎崎の姿は見えなかった。広い室内をひとわたり見わたしていると、畑中少佐と顔があった。彼は、事情を知っているのか、久村が何もいわないうちに

「椎崎さんでしょう。いますぐ呼んできましょう」

という。やがて、部屋に戻ってきた椎崎は

「ここじゃちょっとまずいな」

といって久村を促すと、先に立って歩き出した。軍務課の部屋とは廊下の同じ側にある小さな部屋、物置きに利用されているとみえて、弾薬箱や地図や、書類などが壁に沿ってうず高く積み上げられてあり、部屋の中央の空間には、塗りのはげたテーブルと椅子がおいてある。その椅子にはすでに中佐が一人と中尉が一人腰をかけていた。椎崎は、その部

屋に、久村と山田を導き入れると、後手に扉をきちっと閉めた。

先客の中佐と中尉は、睨みつけるような視線を久村たちに注ぎかける。椎崎の顔もいっそう硬ばっている。久村は、思わず、軍刀のつかに手をかけた。

椎崎はなおも無言のまま、久村の様子をじっと睨みつづける。久村も唇をきっと結んで睨みかえす。左右から中佐と中尉の視線が膚に突き刺さってくるように熱く感じられる。

無言の対峙は二、三十分の長さに感じられたが、実際は五分ぐらいのものだったろう。

椎崎がやっと口をひらいた。

「これから話すことは、国家の存亡に関する重大事だ。賛否いずれにせよ、絶対に口外しないということをまず誓ってほしい。誓えないというなら、やむを得ん、おれはこのピストルで弾薬箱を射つ。おれも君も一発でおしまいだ。おれはそれだけの覚悟でいるのだから、君もその積りで、これからおれの言うことを聞いてくれ。いや、それよりも前に、貴官たちの今後の方針を聞かせてほしい」

椎崎が貴官たちと複数を使ったのは、在京中野グループのことを指しているのだった。

久村はしばらく考えてから言った。

「私たちの方針は、今夜みんなで協議して最後的にきめることになっています。が、私個人の気持をいえば、今となってはもはや、無条件降伏か、徹底抗戦かという論議より、いかにして、国体を護持するかということのほうが肝要だと思います。あらゆる努力はこの一点に注がれなければならないと思うのです」

さっき、次官室で、最後の御前会議の結果を聞いて自室へ戻ってから、久村は石神井にいる渡にも電話をし、この夜七時に在京中野グループ全員が駿台荘に集まるよう手配することを依頼した。

中野グループとしての、思想統一と、今後の方針をきめるためだった。その結果を待たずに迂闊《うかつ》な返事をするわけにはいかなかった。それに、久村は椎崎とは、それほど親しい交わりはなかった。

椎崎は、久村の心中を察しているのか、いないのか、構わずに、言葉をつづけた。

「国体護持が最後の目的であることは同感だ。だが、おれはこう考えている。こんどの御聖断は、君側の奸によって、聖明がおおい奉られたためで、真の大御心ではない。われわれは、大内山の黒雲を吹き払い、正しい聖断をもう一度下していただくためには、どんな手段をもいとってはならない。最後まで努力をつづけるべきだ」

「どんな手段でも、というと……」

「最悪の場合は、クーデターだ。阿南陸相は、御前会議でも最後まで本土決戦を主張しておられた。もう一度、大臣にお願いして、われわれの先頭に立って頂く。大臣が立てば東部軍も、近衛師団も立ち上がる。そうすれば本土決戦に備えて勇気りんりんの全軍は必ず決起する。腰抜けの重臣どもは血祭りだ」

「クーデター?」

久村は、おうむ返しに問い返した。

「そうだ。最後の手段はクーデター以外にない。成否は問うところではない。われわれはやらねばならないのだ。もちろん、事敗れる場合も十分覚悟している。だからこそ、君たちに頼むというのだ。軍が亡んだあと、なお潜行して組織的な力を持ち得るのは、中野学校の諸君のみだ。われわれが失敗して果せなかった国体護持の使命を、あくまで遂行してくれるのは、君たちだけなのだ」

椎崎の声は、殺気を帯びてきた。

この期に及んでのクーデターとは、たしかに容易ならぬことではあった。彼が久村に沈黙の誓いを強要したのも当然であった。もし久村が反対意見を出したら、久村を斬り殺してでも、秘密の洩れるのを防ぎ、クーデターを強行しようという気魄がありありとうかがえた。軽卒な返答はできなかった。

「今夜の決議次第では、われわれもまた、あなた方と行を共にすることになるかもしれません。あるいは、別行動をとるかもしれません。ただ、はっきりいえることは、どんな事態に至っても国体護持の使命を遂行することだけは、絶対につらぬきとおすつもりだということです」

「よろしい。その覚悟さえ持っていてくれるなら、われわれは諸君に後事を託して、安心して決起できる。万一、事敗れた場合のことも、すでに、広瀬中佐や竹下中佐と相談してあるから、君たちも両中佐と早速、打ちあわせてほしい」

椎崎は、両手を突き出して、久村の手を求めた。久村は、軍刀のつかにあてていた手をはなして椎崎と固い握手をかわした。

「決起はいつですか？」

「明日の午前零時を期して、近衛師団が出動することになっている」

じっと久村をみつめながら答える椎崎の眼にきらりと光るものがあった。

これが、久村が椎崎の姿を見た最後であった。

椎崎中佐、畑中少佐らを中心とする陸軍省軍務局の一部の将校および、これに呼応した近衛師団の参謀たちによって企てられたクーデターは、八月十五日の黎明を血の色に塗り上げた。近衛第一師団長森赳中将は、畑中少佐のピストルで射殺され、師団長室の床を鮮血に染めた。

クーデターを鎮圧した、東部軍司令官田中静壱大将は、責めを負ってみずから死を選んだ。阿南陸相も反乱軍の騒ぎをききながら割腹した。

椎崎、畑中たちも宮城内の松林の中で、拳銃自殺を遂げた。

椎崎が危惧したように、クーデターは、実らず、彼らの企図はむざんにも打ち挫かれたのである。

その日正午、椎崎たちが必死に探しもとめて、ついに奪い取れなかった玉音放送の録音盤は、日本放送協会の放送室でしずかに回りはじめ、天皇の声は全国民に、戦いの終わったことを告げたのであった。

中野学校グループは、ついに、椎崎たちのクーデターに参加しなかった。十四日夜、駿台荘に協議のために集まったのは、在京中野グループ三十名のほかに、富岡の中野学校から数名の代表者と、当時、軍嘱託として中野学校の教官をしていた五・一五事件の吉原正己（事件当時は陸軍士官候補生で、政友会本部と警視庁の襲撃を担当した）らであったが彼らが討議の結果、打ち出した結論は
一、クーデターには不参加。この旨を九段の「夜の陸軍次官室」にいる広瀬中佐に連絡して、決起者たちに伝えること
二、皇統護持は、今後、中野学校出身者たちが生涯をかけてつらぬく使命とし、その具

体的方法等については、一期生に一任すること
三、終戦後は各人は全国各地に分散して潜行活動に入るも、地区別に責任者を設けて密接な連絡をとり、地盤を固めて行くこと
四、中野学校出身者であることはつとめて秘匿すること
というものであった。

したがって、クーデターがついに鎮圧されたことを聞いた時にも、久村たちは、椎崎や畑中の死に限りない口惜しさを覚えはしたが、万事休す、という気持ちは毛頭抱かなかった。

「われわれの任務はこれからだ」

「椎崎中佐たちの死を犬死にしないためにも、その志を継いでやらねばならぬ」

と、彼らは口ぐちに言い、皇統護持の具体的方法の研究をはじめた。

「万一、事破れた場合は、広瀬中佐と相談してほしい」と十四日の午後、椎崎が久村に言いのこした言葉がけっきょく遺言になったわけだが、その遺言どおりに、久村は広瀬と連日協議をつづけた。

終戦と同時に、巷にはさまざまな憶測やデマが乱れとんでいたが、市ケ谷台上も例外ではなかった。

天皇は中国に移され、他の皇族は全員死刑になるかもしれない。いや、天皇は貴族階級ということで、位は格下げになるが、お身の上はご安泰だ。皇太子はアメリカに連れて行かれて、アメリカ流の教育を強制的に受けさせられることになる。

等々、根拠のない推測が、しきりに行なわれてとりとめなかった。しかし、久村たちにもそれらのデマを否定するに足る情報もなかった。さまざまな憶測のどれが真実で、どれが出鱈目か見分けることは不可能であった。

「無責任な憶測にまどわされて、いたずらな空論をくりかえしていても仕方がない」

と重大な示唆を与えたのは広瀬中佐だ。彼はいった。

「最悪の場合、せめて、天皇の御血統だけは護りとおさねばならぬ。血統正しく、しかも目立たない存在である宮様を、ひそかにおかくまい申して、ご血統を絶やさないような方法を講じる必要があろう」

広瀬が「最悪の場合」という表現をしたのは、天皇はじめ、皇族の主だった人びとが戦争責任を問われて、アメリカ軍の手により極刑に処せられた場合のことを指していることは、久村にもすぐ直感された。

「そのような条件を備えた宮様がいらっしゃるのですか」

「北白川の若宮道久王のことをおれは考えているのだ」

広瀬は眉宇に決意をひらめかせながらいう。久村は、大きくうなずいた。

広瀬は張家口で飛行機の事故死を遂げた北白川宮永久王と陸士で同期だった関係から、北白川宮家とは親しく、とくに、故成久王妃（房子内親王）から厚い信任をうけていた。房子妃は明治天皇の第七皇女で天皇陛下の叔母に当たる人、道久王は明治天皇の曽孫に当たるわけだ。しかもお齢はまだ八歳。血統正しく目立たない存在という、条件にはぴったり叶う。

「道久王を東京から遠く離れた地方におうつし申し上げ、そこでお育てしたい。君たちに頼みたいのは、その手筈をととのえることだ。北白川宮家にはおれのほうからご連絡申し上げ、お許しを願う」

「わかりました。生涯をかけ、一命を賭してやってみましょう」

久村は誓った。事の成否はもちろんわからぬ。しかし、後半生のすべてを賭けても悔いない大きい仕事であることはまちがいない。久村は身体のうちに、おのずから緊張感がひしひしとあふれてくるのを感じた。

広瀬は「準備が終わったら、君からも直接宮家へ挨拶に行って呉れ。紹介状を書いておこう」といって、ペンをとり出した。

「久村少佐は信頼するに足る人物にして、今後、その一党をもって、陰に陽に、王殿下を御守り申し上ぐるにつき、火急の場合は何なりと御用命下されたく、宜敷お願い申し上げます」

きちんとした楷書でしたためられたこのような紹介状を内ポケットに納め、久村は広瀬に別れを告げた。

若宮をおかくまい申し上げる土地をどこにするか。また、その土地に信頼すべき人物はいるのか。どんな方法で若宮を脱出させるか、きめなければならぬことは多く、しかも、急を要した。

久村は、急がねばならなかった。

2 ビルマ首相亡命秘話

八月二十一日未明、夜明け前の薄闇をヘッドライトで鋭く切り裂いて、一台の軍用トラックが中仙道を東京から北に向かって走っていた。運転席でハンドルを握っているのは久村少佐。そばには猪山と田中が並んですわっていた。猪山は久村と同期の少佐。田中は後輩の少尉だ。

荷台には食料品など、一カ月の露営には事欠かぬ物資が積まれている。彼らの目指しているのは、新潟県六日町であった。六日町で食料品店を経営する今成拓三という人物を訪ねるのが久村たちの目的であった。

北白川宮道久王を擁立して、皇族を守るべく、心を砕いていた広瀬と久村は、この大事を託すべき人物として今成に白羽の矢を立てたのである。今成は、一商店主ではあるが、翼賛壮年団新潟支部の副団長をしており、熱心な愛国家ということであった。

太平洋戦争の敗色が歴然となったころ、彼は新潟県知事町村金吾（のちに警視総監になった）をたずねて、終戦対策を述べた。

「この戦争はもう絶対に勝利の見込みはない。敗北は時間の問題だと思います。国破る日、天皇陛下は、戦争の最高責任者として玉砕あそばされるでしょう。いや、玉砕していただかなくてはなりません」

人払いをさせた上で、いきなりこういうことを言い出した今成の意図をはかりかねて、町村は黙したままであった。

「しかし、二千六百年つづいた光輝ある日本の皇室の伝統を、絶やすわけにはいきません。陛下が玉砕されたあとの皇位をどうやって護るか。このことを今から考えておかなければならないと思うのです」

町村の顔色が変わった。今成はつづけた。

「私の家は楠公の家来の末裔で、六百年もつづいた旧家です。また旧寺の檀家総代でもあります。私を信ずる青年は土地には多勢います。彼らは私のいうとおりに動きます。私の計画は、今のうちに皇太子殿下を私たちの土地にお連れして、剃髪をお願いして、寺におかくまいする。世間には行方不明と発表し、占領軍の追及の手から逃れる。やがて時期を見て、ふたたび世にあらわれていただく。このようにして皇統をお護りしたいと思うのです」

戦局の見とおしについては、町村も今成に賛成したが、皇統護持の奇計については、あまりにも突飛すぎて、これを中央にとりつぐ気にもならなかった。

「よくわかった。だが、これは重大事であるから、滅多な人にはしゃべらないように」

と町村は、今成の口を封じてから彼を帰した。


広瀬は今成に一度会ったこともある。

「胸襟をひらいた話をしたわけではないが、とにかく、大事を託するに足る人柄であることは間違いないようだ」

「あなたがそうおっしゃるなら間違いないでしょう。私もそれでは今成に会って、彼の腹中を叩いてみましょう。とにかく、愚図愚図している時期ではない」

久村は、広瀬の言葉に応じて、ただちに、六日町へ向うことを決心した。

久村、猪山、田中、三人の中野学校出身者はこうして、重大な使命に胸を躍らせつつ、一路、新潟にむかって車を駆ることになったのである。だが、新潟への道は、危惧したとおり安楽なものではなかった。

高崎の市内では、至るところの焼跡から、まだ余燼がくすぶっている中を通った。終戦の日の朝爆撃をうけて町中を焼かれたのだという。焼跡を片づけている人びとの表情にも戦争は終わったのだというような安堵感はみられなかった。

　碓氷峠を越えた時、断崖の底を覗いて、そこに転落している数台の軍用トラックを発見した。いずれも荷物を満載したままであった。そんなに古い事故にもみえなかった。敗戦の衝撃が彼らの運転を誤まらしめたのだろうか。その狼狽ぶりが、目に見えるようであった。

　街道は随所に破壊されていた。久村は田中と交替でハンドルを握り、地図と首っ引きのようにして先を急いだが、しばしば道を誤った。前橋、渋川、沼田を過ぎて、三国峠に向かう時も、道を誤って法師温泉に迷いこんだ。時刻は正午をまわっていた。昼食のためにトラックをとめ、付近の温泉宿に入って休んでいると、前の主人があわてて麓の駐在所へ電話をかけた。

「駐在さん。やっぱり抗戦にきまったらしいですよ。いや、間違いじゃありません。いま軍隊がここへやって来ますよ」

　大声の電話は筒抜けに聞こえてくる。久村たちは、主人の誤解を知って苦笑した。

　終戦の詔勅が下されてからも、各地で徹底抗戦、本土決戦を叫ぶ動きは多かった。海軍の航空隊の一部は、本土決戦を主張する檄文をチラシに刷って、飛行機からまき、国民に訴えた。終戦の玉音放送を本土決戦への激励の言葉と聞きちがえた者も沢山いたぐらいだから、国民の中にはこれらのチラシを見て前途の判断をしかねる者も少なくなかった。温泉宿の主人も、そのような迷いから久村たちの軍用トラックを見て、早合点したものであった。

道をとって返して、三国峠をこえたあと、青津川にかかった橋梁が豪雨のために破壊されて、川を越えることができず、久村たちは車を信州湯田中にむけた。車で六日町まで行くことをあきらめ、湯田中から汽車を利用することにしたのである。

猪山を湯田中に残し、田中だけを連れて久村が六日町に到着したのは、二十六日の正午である。東京を出てから実に六日を経過していた。今成は久村の突然の来訪をいぶかしんだが、久村の意図を聞くと、眼を見ひらいて、共感の意をあらわした。

「私もこれで生きる光明を得ました」と感激した。

二人は数時間にわたって、計画の基本方針や具体的方法について語りあった。久村は当分の間は東京へは戻らず、六日町に留まって道久王をかくまうための下準備をととのえることにした。

「事は緊急を要する。一日もゆるがせにできないからね」

久村はこういうと、田中をふりかえり、湯田中の猪山のもとに、連絡に行くことを命じた。

すると、今成は、きゅうに何かを思いついたような表情になり、

「久村さん、ついで、といっては何ですが、あなたがきょうここへ来られたのも何かのご縁でしょう。もう一つ、あなたに相談したいことがあるのです」

と言い出した。

「実は今夜、私をたずねてビルマのバー・モウ氏がこの土地へ来る予定になっているのです」

「何ですって？　バー・モウ氏が……」久村は思わず、おどろきの声をあげた。

中野学校一期生の中で、南方に派遣された者たちが、東南アジア諸国の民族独立運動を助けて、めざましい活躍をしたことは、中野学校史のもっとも重要なページを占めるべきものであった。久村は同期生たちから、そのめざましい活躍ぶりとともに、東南アジア諸国の独立運動の模様や志士たちの動静についていろいろと聞かされていた。

バー・モウはそれらの志士たちの中でも、もっとも顕著な存在の一人であった。

英国やフランスやドイツに留学して、博士号を持つ弁護士として母国ビルマに帰ったバー・モウは、やがて独立運動の指導者となり、ついには連立政府の首領として、ビルマ最初の総理大臣になった。太平洋戦争の開始後、南方に進攻した日本は、東南アジア民族の解放を謳ってビルマに独立を与えた。この時、バー・モウは国家代表に選ばれた。日本軍

のカイライとなったと非難をする者もあるが、長年、独立運動を指導してきた彼のかがやかしい経歴は何人といえども否定することはできないだろう。

そのバー・モウが、いったい何でまた新潟の山奥にやってくるというのか。今成拓三とどんな関係があるのというのか。

いぶかる久村にむかって今成は淡々たる調子で説明をつづけた。

「まったく急な話なのです。昨日、突然外務省の石井事務官がやってきて、バー・モウ氏をあずかってほしいというのです。私は何の準備もないからといって、一旦、断わったのですが、とにかく会うだけ会ってくれといって、今夜本人を連れてくることになっているのです。石井事務官は六日町の隣村浦佐に疎開したことがある関係で、私が翼壮の幹部をしていることを知っていたのでしょう」

久村は終戦詔勅が発せられてまもなく、緬甸《ビルマ》方面軍司令官木村兵太郎大将から、バー・モウの亡命についての請訓が来たのに対し、大本営ではこれを強く拒否したことを思い出した。久村にとっては直接関係のあることではなかったが、大本営も非情な仕打ちをするものだと思ったことだった。

日本はアジア諸民族の解放を旗印として、太平洋戦争を戦ってきた。その日本の理想に協力した人が、日本の敗戦によって身のおきどころに窮しているのだ。進んで救ってやることこそ、信義を知る者のとるべき道であろう。

「軟弱と思える今の政府が、占領軍に内密でかくまう腹がどこまであるか疑問だが、ここまで事を運んだだけでも上出来です。バー・モウ氏を救うことは、日本の信義を立てることです。これもまた国家的な意義のある仕事だと私は思います。皇統護持の大使命の付帯的仕事と考えて、出来るだけの努力をしましょう」

「あなたにそういっていただければ、私も安心です。そういうことになれば私としては、バー・モウ氏のことを県の知事や警察部長には諒解をとりたいと思います。バー・モウ氏のことを表面に立てることによって、皇統護持の仕事のほうをカムフラージュできれば、一石二鳥です」

こうして、バー・モウ隠匿の件についても話はすぐにまとまった。

今成は、バー・モウの身の隠し場所として、南魚沼郡石打村の真言宗薬照寺がいいだろうといい、早速、住職土田覚常のもとに使いを送った。土田は今成の恩師であり、翼壮にも関係していた。

バー・モウが、外務大臣秘書官の北沢参事官、外務省の佐藤事務官の二人に付き添われてやってきたのは、午後八時すぎであった。

ターバンもはずし、服も背広にきかえていたが、堂々たる体軀と炯々たる眼光は、亡命者の卑屈さを微塵も感じさせないものであった。大家族をひき連れてのラングーンからの脱出行、ことにその途中において、令嬢の出産騒ぎまであった苦難の道程の末、やっと日本に亡命して来た人とは思えぬほど元気な姿であった。疲労の影は、すこしもみえなかった。

「改めてお願いしたいのですが、何とかバー・モウ氏の亡命について協力していただけないでしょうか」

さきに、一旦、今成から断わられたのに、強引におしかけてきた弱味があるので、北沢参事官は、おそるおそるといった感じで切り出した。

今成は久村を紹介し、久村と相談した結果、快く引き受けることにしたと、明快に答えた。北沢は思いがけない快諾にすっかり喜び、

「外務省としては、みんなにご迷惑になるようなことは絶対いたしませんから」

とくりかえし礼を言った。

バー・モウは終始無言であった。

北沢の口から語られたバー・モウ亡命の経緯はつぎのようなものであった。

ビルマ戦線の日本軍は、昭和二十年四月ごろ早くも最終的段階に追いこまれていた。

四月二十三日夜十一時すぎ、バー・モウは自動車二台に家族をのせ、トラック数台に分

乗した他の閣僚およびその家族らとともに、ラングーンから後退することになった。石射猪太郎ビルマ大使ら一行も行をともにした。

何度も機銃弾を浴びながら、命からがらモールメンに落ちのびたのは、十日も経ってからのことだった。普通なら一日の行程である。途中、バー・モウの令嬢が男児を出産したため、一騒ぎあった。これも後退がおくれた理由の一つだった。

五月から終戦に至る三カ月余りは、バー・モウはモールメンの南方十八哩のムドン村に起居して過ごした。

八月十三日、同じくムドン村に避難していた石射大使は、外務省からポツダム宣言受諾の訓電を受けとった。大使は、これをバー・モウに伝え、日本に亡命することを勧めた。バー・モウはあくまで、ビルマ国内にとどまり、今後とも独立運動に挺身すると主張したが、石射大使の再三の勧誘に、ついに亡命を決意した。

しかし、石射大使および木村軍司令官からバー・モウ亡命の請訓をうけた東京はつめたかった。陸軍はただちに「不可」の返電を現地へ送った。外務省ではさすがにそうも出来ず、むずかしい但し書きをつけた。

「日本は敗戦国だから、もし、連合軍から引渡しの要求があれば、これを拒否することはできない。この点を承知の上なら、来日することはかまわない。また、家族同伴は認めない。バー・モウ一人に限る」

婉曲な断わりともいうべき条件だったが、けっきょく、バー・モウは単身日本に亡命することになり、八月二十三日、彼はビルマ方面軍参謀長田中新一中将、北沢参事官らとともにサイゴンから空路東京に向かった。

途中、Ｂ24の襲撃にあったが、あやうく窮地を逃れ、二十五日夕刻立川にたどり着いたのである。

彼は口ひげを生やし、東と名乗り、帝国ホテルに宿泊した。歴史学の教授という振れこみだった。しかし、東京に長くとどまるわけにはいかない。外務省では南方局長の石沢豊や、政務課長の甲斐文比古らの肝入りで、バー・モウの隠遁場所を探した。こうしてけっきょく、今成に白羽の矢が立てられ、裏日本の小さい町にビルマの元首が姿をあらわす、ということになったわけである。

北沢、佐藤の二人は、バー・モウを今成、久村たちに引き渡すと、安心してその足で東京へ帰っていった。翌日今成と久村は、バー・モウを薬照寺に届け、住職に身柄を託した。久村は、その日の夕方、田中とともに連絡のため、六日町を発ち湯田中に向かった。

久村、猪山、田中のほかに、さらに越田と水上少尉が加わり、今成のほうには、彼の腹心である関口、岩野が加わって、当面した二つの使命遂行のための対策会議が何度かくり返された。また、資金調達のために、東京との間に何度か往復がくり返された。

こうして、ようやく次のような構想がまとめられ、久村たちはこれにもとづいて、どんどん行動を進めていくことになった。

まず、第一に、企図を秘匿するため、皇統護持のほうを「本丸」問題、バー・モウ関係の事を「東」問題と呼ぶことがきめられた。また、同じくカムフラージュのため、輸出玩具を扱う七洋工芸株式会社という会社をつくり、久村が社長、猪山、越田、今成らが重役となって、十月一日発足した。

また、これも偽装のためだが『詩と玩具』という文化雑誌を発行することにした。これには鷲尾雨工や木村毅が責任者として参加した。

バー・モウをかくまうための場所として、薬照寺は不適当であるため、浦佐村に一軒家を買い、越田がバー・モウと同居して身辺警戒に万全を期すことや、バー・モウの身のまわりを世話する女性を一名求めることなども決められた。

調達された資金は五十万円（現在の金にすれば二千万円以上であろう）であった。この使用区分は、玩具会社設立に二十万円、「東」問題工作費十万円、文化雑誌発行経費及び予備費として十万円、久村、猪山の住居買収費に十万円と定められた。

以上のような構想の下に、久村が全体の責任者となり、猪山が「本丸」問題の責任者、越田が「東」問題の責任者として、それぞれ、すみやかな推進を計ることになったのである。

亡命者とはいえ、かりそめにも一国の代表者である。粗末な待遇は出来ないし、不自由な思いもさせるわけにはいかぬ。

越田は影の形に添うごとく、常にバー・モウ博士の身辺にあったが、それはあくまで護衛のためであって、博士の身のまわりのこまごまとした世話にはやはり女手が必要であった。妻子と別れてひさしいバー・モウのために、その身辺にかしずく優しい女性を求めねばならぬことは、久村たちにとってなかなか難題だった。

久村は思いあぐねたあげく、一人の巷の義侠人に願いを託した。その人物というのは、竹田源太郎という七十七才の老人で、新富町で建築請負業をいとなんでいた。日頃、吝《りん》嗇漢《しょくかん》だという評判でとおっていたかと思うと、漢口陥落の日に、町内出征兵士の留守家族四十数世帯に、米俵を一俵ずつ配ったりして近所を驚かせたりするような、ちょっと風変りな老人だった。

久村は、竹田老に面会を求め、単刀直入に用件を切り出した。竹田老は、しばらく眼をつぶって考えこんでいたが、やがて静かに口をひらくと、ゆっくりと答えた。

「いま、わしの家にいるのは長女と三女の二人だが、三女は夫の復員を待つ身です。長女のほうは三十才だが独身だし、気性もいちばんしっかりしているから、バー・モウ先生の身のまわりのお世話をするには長女のほうがよろしいでしょう。私からも言い聞かせますから。どうぞ新潟へお連れ下さい」

竹田老は言い終ると、奥にむかって手を打って長女を呼び、久村に引きあわせた。色白細面の美しい女性であった。

「せいでございます」

とだけいって深い辞儀をする彼女の白い顔を、久村は複雑な思いでみつめた。

翌日、久村はせい女をともなって、新潟行きの汽車にのった。

「むごい頼みをする男だとお思いでしょうね」

重苦しい思いをおさえながら、久村はせいに話しかけたが、彼女は静かな笑いをうかべて、会釈するようにわずかに顔を動かしただけであった。

越田に護衛され、せい女にかしずかれることになり、バー・モウの亡命生活は十日、二十日とつつがなく過ぎていった。久村たちは、資金調達その他の関係で、絶えず東京、六日町を往復した。

万事は順調に運ぶかのようにみえた。

だが、破綻は意外なところから来た。

「東」問題のそもそもの発起人である今成が、金銭問題で見のがすことのできぬ過失を犯したのだ。

バー・モウの隠れ家を浦佐に求める件に関して、十万円を他に流用した。関口、岩田両名に手渡すように頼んだ工作費をそっくり使いこんだ。外務省からバー・モウ隠匿資金として五万円をうけとり、それを私事に使った。若松陸軍次官から、久村の名を利用して四十万円を受けとり、それを自分が経営するハム工場の増築資金にあてた。

これらのことが明らかになって、今成は同志たちから吊し上げられる羽目になったが、久村にしてみれば、事は今成個人の悪徳だとのみは考えられなかった。こんなことから同志の結束にヒビが入り、ひいては運動の将来に思わぬ暗雲を招くのではないかと、不吉な予感をいだかざるを得ないのであった。

不吉な予感とともに、終戦の年は暮れ、新しい年は明けた。

一月六日、外務省は、ビルマに駐屯する英軍当局から、バー・モウを引き渡すようにとの電報を受けとった。英軍当局は、バー・モウが日本に亡命したことをついに探知したのである。

英軍当局の要請は、バー・モウをビルマから日本に帯同して、その亡命のお先棒をかついだ者として、北沢参事官の名前まであげたきびしいものだった。

国際法の原則では、亡命者を保護することは合法的な行為である。しかし、無条件降伏をし、敗戦国となった日本には、この原則は認められない。まして、亡命者は、戦犯としての追及を受けている者である。バー・モウ亡命に関しては、政府当局でも、はじめは東久邇首相と重光外相の二人だけしか知らなかった。その後、十月九日幣原内閣に変わってからも、バー・モウに関する件は外相のみの申し送り事項とされた。

公式に、連合軍当局から引き渡し要求をされたとなっては、これを拒否することは、ポツダム宣言違反でもあり、反連合国行為でもある。だが、これまでかくまったバー・モウをみすみす占領軍の手に渡すことは、情として忍びなかった。外務省では、緊急会議を開いて、対策を協議した。意見は二つにわかれた。バー・モウ亡命に協力した石沢南方局長、甲斐政務課長らは人情論を主張した。彼らは外務省の中で、いわゆる枢軸派と呼ばれるグループに属する人たちであった。終戦後、いくらも時日が経っていないとはいえ、外相も吉田茂氏に変わり、省内の勢力は、親英米派が強くなっていた。石沢らの義侠論は通らなかった。

けっきょく、バー・モウを自首させるほかはないという結論が採択され、その引導を渡す役目は甲斐に押しつけられた。

甲斐は七日後、上野を発って、石打村にむかった。旅行鞄の底には二十万円の札束がひそめられていた。それは、かねて今成から機密費として請求を受けていたもので、バー・モウを自首させる今となっては、もはや必要のないものであったが、甲斐としては、二十万円を一応調達することで外務省側の誠意も示し、また、バー・モウ説得に今成から口添えもしてもらおうという肚であった。

だが、あいにくなことに、今成は新潟に行っていて、薬照寺にはいなかった。また、バー・モウの護衛役で、影の形に添うようにその身辺から離れたことのない越田の姿までが見えなかった。

正月の読売新聞に「北白川宮家、千葉に帰農」という見出しの記事が出た。

記事は、いろいろな情報を総合してまとめた、いわゆる観測ものであり、その可能性がつよい、というふうに結ばれてあった。久村らはこの記事に半信半疑であったが、もし事実とすれば、自分たちも宮家のお供をして千葉で百姓となり、一生おそばでお仕えしなくてはならない、と考えた。そして、記事の真否をたしかめるために、とり急いで、久村、猪山、越田の三人は上京したのであった。

誰もいない森閑とした僧房で、バー・モウはただ一人、大きな眼玉をぎょろつかせ、時ならぬ甲斐の訪問を迎えた。

甲斐は、どもりどもり事情を説明した。英軍当局から指名手配が来たこと、外務省では緊急会議を開いてあれこれと協議を重ねたこと、そして、けっきょく、バー・モウに自首をさせることになった……、ここまで話が進んだ時、バー・モウの憤然とした声が爆発した。

「今となって、そんな無責任なことを！」

「外務省としては、いや、われわれとしては十分責任を感じてはいるのですが……」

甲斐は、久村たちの不在をうらみながら、ひたすら低頭した。だが、バー・モウの怒りはしずまらなかった。

「私は、決して逮捕されない。私は、ビルマ独立の使命をまだ十分に果していない。どうして、いま、むざむざとイギリスの手にとらえられようか。君たちが何といっても、私は自首はしないぞ」

「しかし、連合軍は、もはやあなたの所在すら知っているのです」

「それなら、君たちは私をさらに逃がすべきだ。私は朝鮮へ行く。そのための船の用意を君たちに依頼する」

バー・モウの怒号はつづいた。彼は満面に朱をそそぎ、日本の無責任をなじり、朝鮮に渡ることを主張してやまなかった。その見幕をおして、さらに自首をすすめることは不可能だった。甲斐は、ふたたび東京に帰り、外務省上層部と検討し直して、出来るだけバー・モウの意向にそうよう努力してみる、と言って、早々に薬照寺をひきあげた。東京にもどってみたところで、事態は変わるわけはない。それを甲斐は十分知ってはいたが、この場合そういうより外に、バー・モウの怒りをしずめる方法はなかった。

甲斐は、薬照寺を出てから今成の留守宅に立ち寄り、事情を説明して今成を至急呼び戻すように頼んだ。

「私は、もう一度、東京に帰って交渉します。その結果、バー・モウ氏が自首しなくてもいいように事情が変わったら〈ハムイラヌ〉という電文を打ちます。どうしても自首させなければならない状態なら〈ハムオクレ〉と打ちます」

甲斐はこのように言い残して、上りの列車に乗った。だが、これも、体裁をとりつくろうだけの言葉であった。再交渉の余地のないことを甲斐は知りすぎるほど知っていた。彼は、上野駅に着くと、その足で、すぐ電報局に行き、〈ハムオクレ〉の電報を今成あてに打った。

新潟からもどった今成は、家族から、甲斐が伝言していった話をくわしく聞かされ、そして〈ハムオクレ〉の電報を見せられて、早速、石打村へ急いだ。

彼もまた、こうなった以上、バー・モウをかくまいつづけることは不可能だと感じていた。しかし、バー・モウが自首を承知しないであろうことも十分に察しがついた。甲斐はついにバー・モウを説得し切れずに帰っていったのにちがいない。これは、甲斐でなくても、誰であってもむずかしいことだ。どうしても、バー・モウを連合軍側に引き渡さなければならないのなら、奇計を用いる以外に仕方あるまい。今成は、途みち、そんなふうに考えていた。

薬照寺に来てみると、果して、バー・モウはけわしい表情で今成を迎えた。

「日本人は信義に厚いと聞いていたが、うそだ。政府がうそをつく。私はいま後悔している。こんな日本を離れて一日も早く朝鮮へ行きたい」

怒気をふくんだ声で、バー・モウははげしく言った。その勢いに押されて、今成は

「われわれはうそをつかない。かねてお約束したとおり、直江津にはあなたを朝鮮に運ぶ船が用意されている」

と言うよりほかなかった。

「船が？」

「そうです。もう船の手配まですんでいるのです。また、この船の航海の安全を期するために、元軍人の地下組織が動員されて、万全の準備を進めている。外務省も、実は側面

からの援助をしているのです」

　しかし、バー・モウは今成の言葉をすぐには信じようとしなかった。甲斐の話とあまりに食いちがうからだ。今成は、甲斐が留守宅においていった二十万円の現金をとり出してみせ、言葉をつづけた。

「この金は、先日、甲斐課長があなたを朝鮮へ逃がすための資金としておいていったものなんですよ。外務省も、非常に誠意をもって、あなたのことを考えているのですよ」

「そうですか。甲斐が金を用意してきたとは知らなかった」

「私は、この足ですぐ上京します。二十万円を外貨に交換する必要があるし、また久村さんたちや、外務省といろいろ打ちあわせもありますから。ついては、バー・モウさん、あなたもいっしょに来て下さると、打ちあわせが都合よく進むのですが、どうでしょうか。やっぱり、直接話しあったほうがいいのではないでしょうか」

　今成は言葉巧みに説いた。育ちのいいバー・モウはもともと、人をとことんまで疑うことをしなかった。彼は今成の奇計に気づかず、いっしょに上京することを承知した。

　一月十二日、今成と共に東京に着いたバー・モウは、丸ノ内ホテルで甲斐と会った。今成はバー・モウの隙を見て、甲斐に、奇計を用いた経緯を説明して、口裏をあわせるようにする一方、広瀬中佐をホテルに招いてバー・モウに引きあわせた。

「大本営参謀の広瀬中佐です。先日お話しした元軍人の地下組織の中心になって動いている方です」

「おお、そうですか、ご苦労さんですね」

何も知らぬバー・モウは、微笑をうかべながら、みずから握手を求めて、大きい手を差し出した。

甲斐の姿はいつのまにか見えなくなっていた。彼はバー・モウの所在を知らせるべく、CIDに連絡をとるため部屋を出ていったのだ。

「それでは、打ちあわせをしましょう」

とバー・モウがソファに座り直して、今成に話しかけた時、ノックもせずに、いきなり室内にMPの腕章をつけた米兵たちが入ってきた。

バー・モウは、こうして逮捕された。

甲斐にしても、今成にしても、後味の悪い思いはしたが、敗戦国となった日本の立場からすれば、やむを得ない処置であった。もし、彼らが独断でバー・モウを国外へ逃がしたならば、彼らが責任を問われるばかりでなく、累は外相から首相におよび、日本政府に対して連合国側のきびしい鞭があたえられるであろう。これによって、占領政策がいっそう手きびしいものになるかもしれない。そうすれば、日本国民全部に迷惑を及ぼすことにもなる。

　国家的見地から見れば、バー・モウ個人への背信は目をつぶるより致し方ない、と甲斐たちは考えた。それに、バー・モウを引き渡せば、それまで、彼の亡命に力を貸した点については、不問に付されるという保証もＣＩＤからとっていた。

3　連合軍を震撼させた地下組織

甲斐、今成、広瀬の三人は、十二日夜、丸ノ内ホテルの一室で、事件の一応の落着を祝って乾杯した。

ところが、その彼らの上に、青天の霹靂ともいうべき事態が見舞ったのである。

グラスを重ねて、やや饒舌になった今成が、バー・モウを東京へ連れてくるまでの苦心談を語っている時、突然ドアが開いて、数人の者が足音もあらあらしく入ってきた。先頭に立っているのは、一時間前、MPたちに連れ去られたバー・モウである。

彼は真っ赤な顔をして、何やらわからぬ言葉で、今成らを怒鳴りつけた。それはおそらく、母国語で、罵りの言葉であっただろう。

その言葉が終わらぬうちに、バー・モウの後ろにいたMPたちは、今成、広瀬、甲斐の三人に同行することを命じた。

「一体、これはどうしたんだ」

「約束が違うじゃないか」

今成たちは抗弁したが、MPたちは受けつけようとしなかった。

CID本部へ連行された三人は、思いもかけぬ峻厳な取調べをうけた。

取調べをうけて、三人は、自分たちが何故逮捕されたか、その真相を知った。それは、バー・モウの暴露的供述によるものだった。

バー・モウは、今成たちに欺されてCIDの手に陥ちたことを知るや、憤激のあまり、久村たちのことを、すべて、しかも非常に誇張してCIDに告げ口した。

「おまえたちがその気なら、こっちにも覚悟がある」

という気構えで逆襲の手段を講じたわけだ。

「第三次大戦をひきおこそうというおそるべき企図のもとに、反連合国軍運動を広範囲に展開しようとしている秘密グループが存在している。元軍人を中心に、右翼や外務省の革新官僚の一部などが、その構成メンバーだ。私をかくまってくれた今成も、甲斐も、広瀬も、また久村たちもみなそのグループの中心人物なのだ。彼らはすでに巨額の資金を貯え、武器弾薬などを隠匿している」

バー・モウはCIDに対して、このような供述を行なったのである。CIDは愕然となり、直ちにバー・モウを案内役にとって返して、甲斐たちを逮捕したというわけだ。

なんといっても、バー・モウはビルマの国家代表という肩書をもつ人物だ。ＣＩＤが彼の言葉を全面的に信じたのも無理はない。ＣＩＤは甲斐課長らを、あるいはピストルで脅したり、あるいは御馳走をして歓心を買ったり、あらゆる手段で責め立てて、秘密グループの全貌を白状させようとした。

甲斐課長や広瀬中佐は、その取調べに対してあくまで頑張ったが、今成は、ここでもまた奇計を考えついた。彼は自分がのがれるために責任を久村たちに転嫁しようとした。

「秘密グループというのは中野グループのことです。われわれは関係ありません」

「中野グループというのは？」

「謀略将校養成機関の中野学校を出た中堅将校たちが、国体護持を叫んで、地下運動を展開しているのです。ある宮様を擁立したりして……」

「皇族をかくまっているって！」

「そうです。本丸計画という名で、それは秘密裡にすすめられているのです」

今成は「本丸」や「東」のことを暴露し、それらが主に、久村たち中野グループの陰謀で、自分はあまり深い関係がないのだと言いつくろった。ＣＩＤの調査官は、バー・モウの言葉を裏づける今成の供述にますます色めき立ち、時を移さず、久村らの逮捕にのり出した。

今成が奇計を用いて、バー・モウを新潟から連れ出したのは、久村たちの不在中のことだった。

久村は先に述べたように「北白川宮家、千葉で帰農か」という読売新聞の記事の真否をたしかめるためと、今後の運動資金の調達のため猪山、越田とともに、一月七日に上京していたのである。

そのため、彼らはバー・モウがＣＩＤに逮捕されたことも、また、今成が「本丸」「東」問題など一切をＣＩＤにしゃべってしまったことなど知るよしもなかった。

北白川宮家の帰農説が誤報だったことを確認し、また十五万円の資金調達にも成功した久村は、一月十四日、東京からふたたび六日町にもどった。一人残してきたバー・モウの身を案じながら。

しかし、雪に埋もれた六日町駅に降り立った久村を待ちかまえていたのは、バー・モウではなく二名の警官だった。警官から本署まで同行を求められた時、久村の脳裏には直感的にひらめくものがあった。

六日町署階上の署長室に連行された久村は、果してそこに神経質な顔で待ちかまえている二人の外人を見た。英国駐在武官フェギス中佐とＣＩＤ検事の米軍少佐であった。

さすがに久村もおどろいたが、それと同時に、こんな雪深い田舎町までＣＩＤの検事がやって来たことから、米軍当局が問題をいかに重大視しているかが想像出来た。

はじめに問いかけてきたのは、フェギス中佐だった。

「アナタハ英語ガ話セマスカ」

久村は、英語でゆっくりと答えた。

「私ハ英語ハ話セマセン」

すると、中佐は、びっくりするほど流暢な日本語で、

「それじゃあ日本語で話しましょう」

といってにやりと笑った。フェギス中佐は謀略将校としてすでに二十年も前に来日し、横浜に定住して、貿易商をよそおい、太平洋戦争中も謀略活動をつづけていたが、終戦と同時に、貿易商の仮面を脱ぎ、軍服にもどったのだ。久村は、中佐の日本語の巧みさよりも、その長期にわたる謀略活動におどろいた。そのような経歴をもつフェギス中佐の訊問ぶりは、自信にみちた堂々たるものだった。

「ホンマルとは何ですか。アズマ問題というのは何ですか。この二つの秘密計画の全貌を話して下さい。ミスター・ヒサムラ。あなたは両方の責任者だったはずですね」

ずばりと核心をついてくる質問に、久村の同志の誰かがすでに逮捕され、自供してしまったことをさとった。

「イマナリ、コシダ、カイ、彼らを知っていますね」

フェギス中佐は、もう何でも知っているんだぞという調子でたたみかけてきた。久村は覚悟して答えた。

「知っています。三人ともわれわれの同志です」

「あなたの階級は？　最後の勤務は？」

「陸軍少佐です。参謀本部第七課勤務でした」

「ホンマル計画でかくまおうとした皇族はキタシラカワですね」

「そうです」

「アズマ計画はバー・モウ博士の亡命援助を目的としたものですね」

「そうです。義によって援助しておるのです」

フェギス中佐は、久村が想像した以上にくわしい情報をつかんでいた。やがて、訊問が終わり、久村は階下の刑事部屋に連れてゆかれた。見張りの警官とならんで囲炉裏のそばに座っていると、隣室からわざとらしい咳払いが聞こえた。耳をすますまでもない。あきらかに越田の声だった。

（越田もつかまったのか！）

久村は「本丸」も「東」もむなしく挫折する運命に見舞われたことをさとった。

夜になっても、久村は釈放されなかった。

彼は、家族に話しておきたいことがあるから、ちょっと家に帰してくれと要求したが、ＭＰは

「それなら、奥さんにここに来てもらおう。あなたは明日、東京に行くことになっている」

といって、久村を家へ帰そうとしなかった。二十分ほど経って、ＭＰに連れられてやってきた妻と、久村は、フェギス中佐の立ち会いのもとにわずかな面会を許された。

「頑張って下さい。お体に気をおつけになって。後の事はご心配なさらないで下さい」

妻は涙一つ見せず、気丈な様子を見せて久村の手を握った。

その夜、久村と越田は進駐軍専用の特別列車にのせられて、東京に向かった。フェギス中佐が久村たちに言ったように、「終戦後最初の、そして最大の大事件」らしい、いかにもものものしいとり扱いぶりだった。

翌十五日午後、上野駅に着くと、久村たちはそこからすぐジープでＣＩＤ本部へ、さらに巣鴨拘置所へと運ばれた。久村たちと一緒に東京を去り、郷里若松へ帰った猪山少佐も、この後一カ月ほど遅れてＣＩＤに逮捕された。また、陸軍省軍務局で予算班長の職にあった稲葉正夫中佐も、やはり、この大陰謀グループの一味として二月十六日逮捕され

た。

臨時軍事費として、陸軍がにぎっていた約一千億円の金が、終戦とともにいずこともなく消え失せてしまった、という情報をつかんだ占領軍当局は、これと久村たちの「陰謀」とを結びつけた。行方不明になった臨軍費は、おそらく久村たちの地下工作費に流用されたのだろうと推察したのだ。そして、その橋渡しをしたのが稲葉中佐にちがいないという容疑であった。稲葉は、さきに逮捕された広瀬中佐とは陸士の同期で親しかった。

だが、これは稲葉には気の毒なぬれ衣だった。たしかに、敗戦時のドサクサにまぎれて相当額の機密費が、使途不明のまま宙に消えた事実はあったが、それは、直接稲葉の責任ではなかったし、また稲葉が、臨軍費の一部を、久村たちに融通したという事実もなかったのである。

バー・モウの誇大な供述、それに輪をかけた今成の暴露等によって、占領軍当局は久村たちの計画を、余りにも大袈裟に考えすぎたようであった。

だがともかく、以上の七名のほかに、外務省関係から外相秘書官の北沢参事官や石沢南方局長が逮捕され、合計九名が昭和二十一年の八月まで巣鴨拘置所での禁錮生活を送るという結果になり、久村たちが計画した、北白川宮擁立もバー・モウ隠匿も、ともに結実を見ないで終わるということになってしまったわけである。

しかし、久村たちの逮捕が占領軍当局に与えた波紋は大きかった。

第三次大戦をたくらむ大陰謀団！

反連合国運動を展開しようとする秘密結社！

ビルマの亡命元首バー・モウを担ぐ元軍人、右翼、少壮官僚の地下組織！

膨大な使途不明の臨時軍事費を資金網とし、大量の武器弾薬を秘匿する陰謀計画！

その中心となるのは中野学校出身の旧陸軍特務将校の一団！

占領軍当局は、久村たちの行動に対して、このような見解をあくまで捨てようとしなかった。そのために、取調べは峻烈をきわめ、また九人に対する警戒も厳重そのものであった。巣鴨拘置所で九人が放りこまれたのは、三階にある死刑囚専用の独房であり、ドアの少しばかりの金網にも、目張りがほどこされた。独房から出されるのは、一日にわずか五分間、それもMPの監視つきで、廊下を歩行する運動のためだけだった。

取調べの重点は資金入手の経路と武器弾薬類の隠匿場所であった。何週間も、きびしい取調べがつづけられたが、もともとバー・モウや今成の供述が事実とはかけはなれた誇大なものだったのだから、当局が満足するような返事が久村の口から出るはずはなかった。

取調べの手口は、おどかしから一転して餌で釣るようになった。

六日町まで久村を逮捕にやってきた検事少佐は、ある日、

「きょうはビッグ・ニュースを持ってきました」

と笑いをうかべながら久村に話しかけた。

「あなたを即刻釈放していいという許可を、特別に上司からとってきました。但し、あなたが資金入手の背後関係を供述すれば、という条件つきですがね。それも三十分以内でないとダメです。あなたはたった一つの事を告白するだけで、奥さんや子供のもとに帰れるのです。青空があなたを待っているのですよ」

しかし、久村の答えは変わらなかった。

「資金入手に背後関係などありません。私たちは、軍当局から資金をもらった覚えはない。広瀬中佐個人に調達を依頼した金も、五十万円ぐらいのものです。その金の使途もここに明細書があります。きわめて明らかです」

久村は明細書を少佐に手渡したが、少佐はそれに一べつをくれただけで、急にけわしい表情にかえった。

「たった五十万円だって？　そんな僅少な金の話を私はしているのではない。ミスター・ヒサムラ、本当のことをいいなさい。あなたが直接使わなくても、誰がどこへ流したかそれさえ言ってくれれば、ここからすぐにでもあなたを釈放しますよ」

「何といわれても、私は知らない。だから答えようもない」

「嘘はあなたを不利にするばかりですよ」

「嘘ではない。私は知らないのだ」

「そうですか。よろしい。あなたは最後のチャンスを逃がしたのだ、あなたは釈放されることはないだろう」

検事少佐は憤然として椅子を立ち、取調べ室を出て行った。

資金面からの追及をあきらめた米軍当局は、こんどはバー・モウの線から真相をつきとめようとして、外務省側を吊し上げにかかった。これに対して外務省当局は
「国際法の原則では、亡命者を保護することは不法行為ではない。もちろん、日本は無条件降伏国であるから、要求があれば亡命者を出頭させねばならないが、要求がなかったからかくまったままでだ。要求されればすぐバー・モウ氏を引き渡したではないか。また、二十万円の金は、バー・モウ氏の生活費として調達したものであって、決して逃亡のための費用ではない」

と答えた。GHQは巣鴨収監中の重光元外相を訊問したり、吉田外相をマッカーサー元帥が直接訊問したり、この件に関してはあれこれと追及したが、彼らが推量したような証拠は、一つもあげることができなかった。

けっきょく、占領軍当局は、はじめに推測したような「第三次大戦をたくらむ大陰謀」

の証拠を片鱗もつかむことができず、八月二日、逮捕した九名を全員釈放しなければならないことになった。

バー・モウも九名が釈放される前日、英国側の貰い下げによって巣鴨を出た。

終戦後一年間の国際情勢の変化は、アジアにおけるインド、インドネシア、パキスタン、ビルマなど諸植民地の独立を生み、連合国側はバー・モウを戦犯として追及する根拠を失ってしまったのである。

久村は、バー・モウが巣鴨を出るという前日、彼にあって、白紙に英文で献辞をしたためたものをプレゼントした。

バー・モウは、日本を去った。「東」問題はどうやら解決した。一方「本丸」問題も自然消滅の形になった。

久村たちが拘置所にいる間に、占領政策はつぎつぎに明確な形を打ち出していき、天皇制についても、久村たちが当初考えたような、苛酷な措置がとられないことがはっきりした。天皇、皇族全員が戦犯責任を問われるというようなことは、杞憂にすぎないことがわかった。天皇の地位は確立され、皇位はさらに連綿とひきつがれることになった。したがって、北白川宮の若宮をかくまったりする必要もなく、「本丸」問題は自然消滅というかっこうになったのである。

八月二日、久村たち九名は巣鴨を出て、真夏のぎらぎらとした太陽を仰いだ。それは、永遠に変わらぬ力強い光であった。

彼らは、それぞれの胸の中に、戦争中のさまざまな苦労、終戦後の激動期に必死の覚悟で身を処した、あれこれの辛苦などを思いうかべながら、いつまでも青空をふり仰いでいた。「本丸」にしても「東」にしても、必らずしも当初の計画どおりの結末ではなかったが、その精神からは、やはり目的は達したと考えてよい結末ではあった。そのことへの満足の思いが、九名の者たちの胸をしずかにみたしていくのであった。

久村たち一期生をはじめとして、終戦のころまで、中野学校は一〇期、約三千名の卒業生を送り出した。

それらの中には、戸籍を抹消されて、影の人となって諸工作に従事した者もあった。また、留守宅には戦死公報を届けられ、墓まで立てられているのを知りながら、遠い異国の空の下を駆けまわっている者もいた。

すべては戦争遂行という大義の名のもとに生じた運命の変転であったが、戦火がやみ、一切の軍服が焼きはらわれることになった時、彼らはどのような姿で還ってきたか。

第一に特記して誇りたいことは、三千名という多数の中から戦犯容疑者をほとんど出さなかったことである。終戦後、占領軍側の戦犯追及をもっともおそれたのは、憲兵や特務機関員たちであった。これはことわっておくが、彼らが特に非人道的な連中であったということではまったくない。たまたまその職務柄、戦犯容疑に触れやすい機会を多く持った、いや持たざるを得なかった不運にすぎない。

中野学校出身者たちも、当然そのような不運を身にかぶるべき立場にあった。だが、それにもかかわらず、彼らにはほとんど、戦犯指定も来なかった。大義の上に立った彼らの行動は、勝敗の立場は変わっても、人からうしろ指をさされるような暗い影を少しも持たなかったからだ。

戦後三十五年、平和な民間社会に復帰した、かつての謀略将校たちは、それぞれの人生を生きている。

ある新興宗教の幹部になっている者。彼は宗団が東南アジア方面に布教をはじめるに当たって、その地におけるかつての経験を高く評価されて招へいされた。上野駅前のクツみがきからはじまって、今は全国で数十万の会員を擁する青年組織のリーダーになっている者。彼は外国からもその識見を買われ、すでに何度か欧米各国を歴遊している。

開拓団にとびこみ、数百の農民を指導して、数十万坪の荒野を豊饒な緑地と化すべく努力している者もいる。外務省の外郭団体のリーダーをして中共問題にとりくんでいる者。

某国際情報機関に所属して、絶えず日米間を往復している者。

企業の中に飛びこんでいった者も多い。国会議員になった者。一流映画会社の有名なワンマン社長の片腕となっている重役が、中野出身者だと聞いたらおどろく人もいるだろう。みずから会社を興して、成功しているものも二、三にとどまらない。

こうして、戦後社会の各層にわたって、中野学校は生きているのである。

戦後三十五年間、一度も欠かさず、毎年一回中野学校校友会が持たれている。永遠に中野精神を忘れぬよう、絶えず横の連絡をとって、という久村たちの終戦時の申し合わせが今も守られているわけだ。

だが、この校友会に顔を見せない、いや、見せられない少数の人びとがいる。

太平洋の広域に散在している数多くの離島に、「離島残置諜者」として無線機一つ持たされただけで、派遣された中野特攻隊の将校、下士官たち、彼らは終戦後も故国へ帰る手段を持たず、今日なお、離島にとどまっている。（正確にいえば、とどまっているだろうと推定されるだけであって、その消息はまったく絶えているのだが……）先般、世間をアッと思わせたのは、離島残置諜者の一人として南海の孤島ルパンクに戦後三十年間とどまって任務を遂行していた小野田少尉の出現であった。自らつくろった軍装に身をつつみ、所持する三八式歩兵銃は手入れが行きとどいてピカピカに輝き、如何に三十年間を戦いの精神を失わずに過ごして来たか涙なくしては想像も出来ないような生活をしていたかが偲ばれる。

彼は、孤独とたたかい自ら心の支えとして来た祖国――父母兄弟――に三十年振りに会いながら、現実にみる祖国の激変に接し、心の動揺は筆舌に現わし難きものであったろう。彼の心琴に触れる事は避けたいが、多くを語らず南米ブラジルに何故か新しい生き方を求めて旅立った。しかし今も中野校友会には万難をはいして出席しているのである。

また、東南アジアの民族解放戦争に参加し、そのまま、その地に骨を埋める覚悟で、母国に帰ることをがんじえなかった人びともいる。

中野学校は日本の戦後社会だけでなく、世界中に、今なお生きつづけている、といえるのである。

年	中野学校関係史
11年	3月 秋草俊少佐ハルビン特務機関補佐官 8月 参本大改革に当り秋草少佐参謀本部第二部第五班長 8月 岩畔豪雄中佐兵務課員に転出、軍機保護法の改正に着手 12月 陸軍省官制一部改正され防共（後に防諜）業務が加えられ兵務課で所管する。
12年	3月 軍機保護法議会通過 4月 防衛課新設され防共業務が防諜業務となる 12月 兵務局長阿南少将が秋草中佐（参本第五班長）福本少佐（憲兵隊特高課長）曽田大尉（陸軍省）に科学的防諜機関の研究を命じ、兵務局連絡機関誕生す。 12月 軍事課長田中新一大佐が秋草中佐（兵務局付）福本中佐、岩畔中佐（参本第八課課員）を招き秘密戦要員養成機関の設置を指示する。
13年	7月 後方勤務要員養成所九段愛国婦人会別棟に開校、第一期生入校す。 8月 秋草中佐後方勤務要員養成所長となる。
14年	2月 岩畔軍事課長は兵器行政の大改革を行い兵器行政本部を設け十三の研究所を作る。 4月 後方勤務要員養成所中野に移転 8月 第一期生卒業

	12月	乙Ⅰ長、乙Ⅰ短、丙1入校
15年	3月	秋草大佐ドイツ（ベルリン）星機関長（身分は満州国公使館参事官）に転出
	3月	上田昌雄大佐ポーランド大使館付武官より帰朝し、陸軍省兵務局付となり中野学校設立準備を命ぜらる。
	8月	陸軍中野学校令制定され初代校長北島卓美少将、幹事上田昌雄大佐就任
	9月	1甲入校し11月卒業
	10月	乙Ⅰ長、乙Ⅰ短、丙1卒業。乙Ⅰ短七名乙Ⅱ長として引続き在学
	11月	我国最初の防衛演習が阪神地区に実施され攻撃側として卒業生参加する
	12月	乙Ⅱ長、乙Ⅱ短、丙2入校す
16年	2月	上田大佐パレンバン攻撃のための資料収集に外務省クリエルの資格で現地出張
	2月	2甲入校5月卒業
	6月	初代校長北島卓美少将東部軍参謀長に転出の後二代目校長として兵務局長田中隆吉少将兼任す
	7月	乙Ⅱ長、乙Ⅱ短、丙2卒業、特別長期入校
	9月	3丙、3戊入校
	10月	幹事上田昌雄大佐陸軍省兵務局防衛課長に転出、福本大佐幹事となる
	10月	第三代目校長として川俣雄人少将が第22師団参謀長より就任
		3丙の北九州地区防衛演習

	12月	パレンバン製油所攻略の研究
17年	2月	特別長期卒業、3戊卒業
	6月	4丙、4戊、1乙入校
	6月	参謀本部直轄学校となる
	10月	教育資料収集のため研究部長鈴木大佐、村田中尉をシンガポールに派遣
	11月	3丙、卒業
18年	2月	5丙、5戊（5月）、2乙（3月）入校
	4月	4戊卒業
	8月	参謀本部は遊撃隊戦闘教令案の起案と遊撃隊幹部要員の教育下命
	9月	1乙、4丙卒業
	9月	遊撃（第一次）入校、（11月卒業）
	9月	遊撃戦資料収集のため研究部主事伊藤貞利中佐、岩男中尉を南方諸地域に派遣
19年	1月	3乙、6丙、遊撃（第二次）、情報入校、遊撃戦教令案印刷配布
	3月	5丙、5戊、2乙卒業、松村辰雄中佐ビルマ方面軍に遊撃戦資料収集に出張
	4月	遊撃（第二次）卒業、情報卒業、6戊入校、福本亀治大佐中支憲兵隊司令部付に転出、次いで漢口憲兵隊司令官に任命さる
	6月	4乙入校

年	月	事項
	8月	二俣分校開校、3乙、6丙司令部演習、離島残置諜者の可能性に関する研究
	9月	3乙、6丙卒業、俣1入校
	11月	6戊、俣1卒業、参謀本部より国内遊撃戦教令の起案下命
	12月	7戊入校
	12月	遊撃戦草案完成
20年	1月	8丙、5乙、俣2入校、遊撃戦教令全軍に配布
	3月	4乙、俣2卒業、本校富岡に移転開始 校長川俣雄人中将第五師団長に転出
	4月	第四代校長として山本敏少将就任
	5月	9丙、俣3入校
	7月	俣3、5乙、8丙、7戊卒業
	8月	10丙、8戊、俣4入校 解散準備の電報受領、8／15楠公社焼失、学生帰郷、8／25二俣完全閉鎖
21年	3月	富岡残務整理終了

日下部 一郎（くさかべ いちろう）
1913年福岡県生まれ。38年陸軍自動車学校（予備士官学校）卒業後、後方勤務員養成所（後に「陸軍中野学校」と改称）入所。39年第一期生として同校卒業。その後、中国で諜報活動に従事。終戦時（陸軍少佐）は参謀本部第七課（情報担当）に勤務。書籍『諜略太平洋戦争 陸軍中野学校秘録』フロンティア・ブックス（1963年）、映画『陸軍中野学校』（1966年／大映）・『陸軍中野学校 雲一号指令』（1966年／大映）ほかの監修・脚本など。

決定版 陸軍中野学校実録

2015年7月1日 第1刷発行
2025年6月2日 第9刷発行

著　者	日下部 一郎
発行者	千葉 弘志
発行所	株式会社ベストブック 〒106-0041 東京都港区麻布台3-4-11 麻布エスビル3階 電話03（3583）9762（代） http://www.bestbookweb.com
印刷・製本	中央精版印刷株式会社
装　丁	株式会社クリエイティブ・コンセプト

本書は、平成27年7月15日に著作権法第67条の2第1項の規定に基づく申請を行い、同項の適用を受けて作成されたものです。

ISBN978-4-8314-0198-4 C0220